7 応用化学シリーズ

電気化学の基礎と応用

美浦　隆
佐藤　祐一
神谷　信行
奥山　優
縄舟　秀美
湯浅　真
……………［著］

朝倉書店

応用化学シリーズ代表

| 佐々木義典 | 前千葉大学工学部物質工学科教授 |

第7巻執筆者

美浦　　隆	慶應義塾大学理工学部応用化学科教授
佐藤祐一	神奈川大学工学部応用化学科教授
神谷信行	横浜国立大学大学院工学研究院教授
奥山　　優	小山工業高等専門学校物質工学科教授
縄舟秀美	甲南大学理工学部機能分子化学科教授
湯浅　　真	東京理科大学理工学部工業化学科教授

(執筆順)

『応用化学シリーズ』発刊にあたって

　この応用化学シリーズは，大学理工系学部2年・3年次学生を対象に，専門課程の教科書・参考書として企画された．

　教育改革の大綱化を受け，大学の学科再編成が全国規模で行われている．大学独自の方針によって，応用化学科をそのまま存続させている大学もあれば，応用化学科と，たとえば応用物理系学科を合併し，新しく物質工学科として発足させた大学もある．応用化学と応用物理を融合させ境界領域を究明する効果をねらったもので，これからの理工系の流れを象徴するもののようでもある．しかし，応用化学という分野は，学科の名称がどのように変わろうとも，その重要性は変わらないのである．それどころか，新しい特性をもった化合物や材料が創製され，ますます期待される分野になりつつある．

　学生諸君は，それぞれの専攻する分野を究めるために，その土台である学問の本質と，これを基盤に開発された技術ならびにその背景を理解することが肝要である．目まぐるしく変遷する時代ではあるが，どのような場合でも最善をつくし，可能な限り専門を確かなものとし，その上に理工学的センスを身につけることが大切である．

　本シリーズは，このような理念に立脚して編纂，まとめられた．各巻の執筆者は教育経験が豊富で，かつ研究者として第一線で活躍しておられる専門家である．高度な内容をわかりやすく解説し，系統的に把握できるように幾度となく討論を重ね，ここに刊行するに至った．

　本シリーズが専門課程修得の役割を果たし，学生一人ひとりが志を高くもって進まれることを希望するものである．

　本シリーズ刊行に際し，朝倉書店編集部のご尽力に謝意を表する次第である．

2000年9月

シリーズ代表　佐々木義典

はじめに

　本書の企画を引き受けてから，随分と長い時間を費やしてしまった．これはひとえに小生の遅筆によるもので，言い訳になるが，電気化学の教科書が多数新刊される中で基礎事項の解説に特色を追究しすぎてしまった．

　本書の構成や執筆陣に関しては，共著者の佐藤祐一先生からもアドバイスしていただき，幅広い応用分野を網羅した教科書として刊行することができた．

　今日，電気化学が主役をつとめる注目分野はきわめて多岐にわたっている．エネルギーデバイスとしての高性能二次電池，燃料電池，電気二重層キャパシタ，電気エネルギーのアシストなしでは起こりえない各種電解反応，金属腐食現象の解明と防止，界面反応の特徴を活かした各種表面処理，生体内での電気化学的現象，各種化学センサなどがある．

　このように，電気化学とその応用分野が重要性を増しつつある今日，若い学生諸君や電気化学を初めて学ぶ非化学系の方々にとって，本書がいささかでもお役に立てることを願ってやまない．

　最後に，企画の段階からお世話くださった朝倉書店編集部の方々に深謝の意を表する．

　2003 年 10 月

執筆者を代表して　美 浦　　隆

目　　次

1. 電気化学の基礎 ……………………………………………〔美浦　隆〕… 1
　1.1　電気化学系の全体像 ………………………………………………… 1
　　1.1.1　電気化学系を構成する2つの電極系 …………………………… 1
　　1.1.2　電極系の構成要素：電子伝導体とイオン伝導体 ……………… 2
　　1.1.3　電気二重層キャパシタ：2つの誘電性界面 …………………… 2
　　1.1.4　電気化学セル：2つの反応性界面 ……………………………… 3
　　1.1.5　電気化学系の定常動電と非定常動電 …………………………… 5
　1.2　電気化学系の熱力学 ………………………………………………… 5
　　1.2.1　化学熱力学のあらまし …………………………………………… 5
　　1.2.2　電気化学系への拡張：電気化学熱力学 ………………………… 8
　1.3　誘電性界面付近の静電状態 ………………………………………… 10
　　1.3.1　電気二重層：界面両側に対立する正負の過剰電荷 …………… 11
　　1.3.2　電子伝導体側の過剰電荷 ………………………………………… 11
　　1.3.3　イオン伝導体側の過剰電荷 ……………………………………… 12
　　1.3.4　電極系の静電位差とその変化 …………………………………… 14
　1.4　反応性界面の静電状態 ……………………………………………… 16
　　1.4.1　界面を横切る電荷担体の動的平衡：交換電流密度 …………… 16
　　1.4.2　標準水素電極系の基準設置 ……………………………………… 17
　　1.4.3　相対電極電位に関するネルンストの式 ………………………… 18
　　1.4.4　ネルンストの式の意味 …………………………………………… 19
　　1.4.5　空間電荷層の影響 ………………………………………………… 20
　1.5　伝導体内部での動電現象 …………………………………………… 21
　　1.5.1　電荷担体の運動方程式と移動度 ………………………………… 21
　　1.5.2　アインシュタインの関係式と電気伝導率 ……………………… 22
　　1.5.3　電気伝導経路の抵抗とジュール熱 ……………………………… 23
　1.6　誘電性界面付近での動電現象 ……………………………………… 24

- 1.6.1 分極性電流の通過：過剰空間電荷量の増減 …………………………… 24
- 1.6.2 誘電分極の限界：分極性界面の降伏 ……………………………………… 25
- 1.6.3 分極性電流と非分極性電流の特徴 ……………………………………… 26
- 1.7 反応性界面での動電現象 ……………………………………………………… 26
  - 1.7.1 移動電荷量と化学種の物質量変化：ファラデーの法則 ……………… 27
  - 1.7.2 反応関与物質および電荷の定常輸送 …………………………………… 27
  - 1.7.3 過電圧と三電極法 ………………………………………………………… 33
  - 1.7.4 電子移動過電圧 …………………………………………………………… 34
  - 1.7.5 濃度過電圧 ………………………………………………………………… 35

2. 電　　　池 〔佐藤祐一〕… 37

- 2.1 電池の始まり …………………………………………………………………… 37
  - 2.1.1 バグダッド電池（ホーヤット・ラップア電池） ……………………… 37
  - 2.1.2 ボルタの電池以降の歴史 ………………………………………………… 39
- 2.2 電池の構成，エネルギー密度と容量密度 …………………………………… 41
- 2.3 実用化されている主な電池 …………………………………………………… 43
  - 2.3.1 一　次　電　池 …………………………………………………………… 44
  - 2.3.2 二　次　電　池 …………………………………………………………… 51
  - 2.3.3 燃　料　電　池 …………………………………………………………… 58

3. 電　　　解 〔神谷信行〕… 63

- 3.1 電解科学の基礎事項 …………………………………………………………… 64
  - 3.1.1 理論電気量原単位 ………………………………………………………… 64
  - 3.1.2 理論分解電圧 ……………………………………………………………… 66
  - 3.1.3 電極反応速度 ……………………………………………………………… 68
- 3.2 電解プロセス，電解リアクターの特徴 ……………………………………… 72
- 3.3 水溶液電解 ……………………………………………………………………… 75
  - 3.3.1 水　電　解 ………………………………………………………………… 75
  - 3.3.2 食　塩　電　解 …………………………………………………………… 76
  - 3.3.3 省エネルギー型食塩電解法 ……………………………………………… 78
- 3.4 溶融塩電解工業 ………………………………………………………………… 78

  3.4.1　溶融塩電解の概要 ……………………………………… 78
  3.4.2　アルミニウム電解 ………………………………………… 79
  3.4.3　マグネシウム製錬 ………………………………………… 80
  3.4.4　ナトリウム製造 …………………………………………… 81
  3.4.5　有機化合物の電解フッ素化 ……………………………… 81
 3.5　金属の電解採取・電解精錬 …………………………………… 81
  3.5.1　電解採取 …………………………………………………… 81
  3.5.2　電解精錬 …………………………………………………… 82
 3.6　その他の工業電解プロセス …………………………………… 84
  3.6.1　電解による無機化合物の製造 …………………………… 84
  3.6.2　電解による有機化合物の製造 …………………………… 84
  3.6.3　表面処理, 寸法加工工業 ………………………………… 85
  3.6.4　電気浸透, 電気透析 ……………………………………… 86

4.　金属の腐食 ……………………………………〔奥山　優〕… 87
 4.1　腐食の原理 ……………………………………………………… 87
  4.1.1　水溶液腐食の2つのタイプ ……………………………… 87
  4.1.2　腐食電位 …………………………………………………… 90
  4.1.3　電位-pH図 ………………………………………………… 90
  4.1.4　腐食電位と腐食電流 ……………………………………… 92
  4.1.5　不働態 ……………………………………………………… 94
  4.1.6　環境による影響 …………………………………………… 96
 4.2　局部腐食と形態 ………………………………………………… 99
  4.2.1　粒界腐食 …………………………………………………… 100
  4.2.2　孔食 ………………………………………………………… 100
  4.2.3　隙間腐食 …………………………………………………… 101
  4.2.4　応力腐食割れ ……………………………………………… 102
  4.2.5　流動腐食 …………………………………………………… 102
  4.2.6　接触腐食 …………………………………………………… 102
  4.2.7　選択腐食 …………………………………………………… 103
 4.3　電気化学防食法 ………………………………………………… 103

4.3.1　腐食環境の調整 …………………………………… 104
　　4.3.2　犠牲アノード ……………………………………… 104
　　4.3.3　カソード防食 ……………………………………… 105
　　4.3.4　インヒビター ……………………………………… 105

5. 電気化学を基礎とする表面処理 ……………………〔縄舟秀美〕… 106
5.1　湿式めっき法 …………………………………………… 106
　　5.1.1　湿式めっきの目的と金属の特性 ………………… 107
　　5.1.2　めっきの目的と標準電極電位との関係 ………… 110
　　5.1.3　電気めっきと無電解めっきの原理 ……………… 111
　　5.1.4　湿式銅めっきの先端分野における応用例 ……… 115
5.2　電 着 塗 装 ……………………………………………… 121
　　5.2.1　電着塗装の特徴 …………………………………… 122
　　5.2.2　カチオン電着塗装の原理 ………………………… 122
5.3　アノード酸化 …………………………………………… 123
　　5.3.1　バリア型アノード酸化皮膜 ……………………… 124
　　5.3.2　ポーラス型アノード酸化皮膜 …………………… 125
　　5.3.3　ポーラス型アノード酸化皮膜の電解着色 ……… 125

6. 生物電気化学と化学センサ ……………………………〔湯浅　真〕… 127
6.1　生体系における電気的現象 …………………………… 128
　　6.1.1　細胞と膜電位 ……………………………………… 128
　　6.1.2　神経細胞と活動電位 ……………………………… 129
　　6.1.3　生体表面での電気的現象 ………………………… 131
6.2　生体系でのエネルギー変換 …………………………… 132
　　6.2.1　生体系でのエネルギー変換とは？ ……………… 132
　　6.2.2　呼吸と呼吸鎖電子伝達系 ………………………… 135
　　6.2.3　光合成と光合成電子伝達系 ……………………… 137
6.3　生物電気化学の応用 …………………………………… 140
　　6.3.1　生物電気化学計測 ………………………………… 140
　　6.3.2　生物電気化学的なサイボーグテクノロジー …… 143

  6.3.3　生物電池 …………………………………………………… 146
6.4　化学センサ ……………………………………………………… 148
  6.4.1　センサとは？ ………………………………………………… 148
  6.4.2　イオンセンサ ………………………………………………… 150
  6.4.3　ガスセンサ …………………………………………………… 152
  6.4.4　バイオセンサ ………………………………………………… 154

付　　録 ……………………………………………………………… 156
参考文献 ……………………………………………………………… 164
索　　引 ……………………………………………………………… 166

1

電気化学の基礎

　基礎現象の解明を省いた応用，それはまさしく砂上の楼閣である．まずこの章では，電気化学の基礎概念・事項をしっかりと把握してもらおう．わずか 40 ページ程度に多くのエッセンスを盛り込むのは至難であったが，大学 1 年修了程度の化学・物理学・数学をベースに，電気化学系に登場するいろいろな現象を真正面から記述したつもりである．また，本質的な理解を深めるため，既存の教科書では省かれている内容もあえて記述したので，すでに他書を通読された方は違和感を覚えるかも知れない．なお，以下でやや小さな活字を使用した項はやや高レベルであるので，手におえないと感じる方は，とりあえずとばして読んでいただいてもよい．

1.1　電気化学系の全体像

　まずは，異なる電気の運び屋——電子とイオン——が協力しながら電気を運ぶ世界にご案内しよう．電気化学で最も重要な現場は電子とイオンの接点——電極系——であり，その接点を通過する電流には 2 種類がある．

1.1.1　電気化学系を構成する 2 つの電極系

　電気化学が対象とする系は，一般に

電子伝導相 H_L | イオン伝導相 B_L ‖ イオン伝導相 B_R | 電子伝導相 H_R

と表記される．以下では，電子伝導相 H | イオン伝導相 B の組み合わせを電極系，2 つの電極系が対になったものを電気化学系と呼ぶ．

　イオン伝導体どうしの界面 ‖ の存在は電気化学系の必要条件ではないが，‖ が複数存在したり，通過イオン選択性などの機能を果たす応用例も少なくない．イ

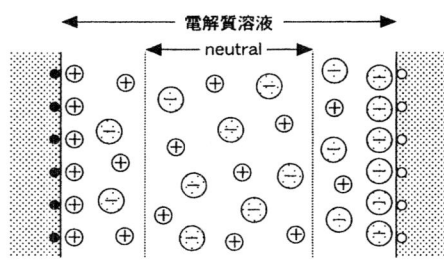

図1.1 電気二重層キャパシタの誘電分極

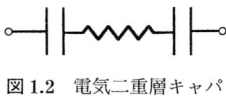

図1.2 電気二重層キャパシタの等価回路

オンが界面‖を通過する非平衡現象に関しては，他書[1,2]を参照されたい．

1.1.2　電極系の構成要素：電子伝導体とイオン伝導体

電荷担体（＝長距離移動可能な荷電粒子．電子やイオン）が電場により移動する現象を電気泳動と呼ぶ（1.5.1項）．原子核の束縛を逃れて相空間を移動できる自由電子，ある位置から隣接位置へ次々に移動できるイオンが担体となる．電子，イオンが担体の伝導体をそれぞれ電子伝導体，イオン伝導体と呼ぶが，両刀使い（＝混合伝導体）も電池活物質や金属腐食などの舞台で登場する（1.7.2.d）．いずれにしても，電気化学系の取り扱いは，電荷担体の明確な区別から出発する．

液体イオン伝導体の1種である電解質溶液は，これまで多くの電気化学書で詳述されてきたが，そのイオン伝導はもともと物理現象である．

1.1.3　電気二重層キャパシタ：2つの誘電性界面

電気化学系に電流（＝以下無指定なら，直流）が通過するとき，左右の電極系では誘電分極または化学変化が起こる．前者の典型例は，新エネルギー貯蔵デバイスとして注目される図1.1の電気二重層キャパシタで，担体が界面を実際に横切ることなく，**みかけ上の充電・放電電流**が通過する．

誘電分極とは，電場中で正電荷と負電荷の重心がずれる現象で，極性分子が整列する配向分極，イオンが変位するイオン分極，原子やイオンに束縛された電子が変位する電子分極などがある．電気二重層キャパシタでは2つの誘電性界面でそれぞれ過剰電荷が集積する．電解液の中央部はイオン伝導性で，電荷輸送には寄与するが，誘電分極しない．つまり，2つのキャパシタ要素（＝誘電性界面）

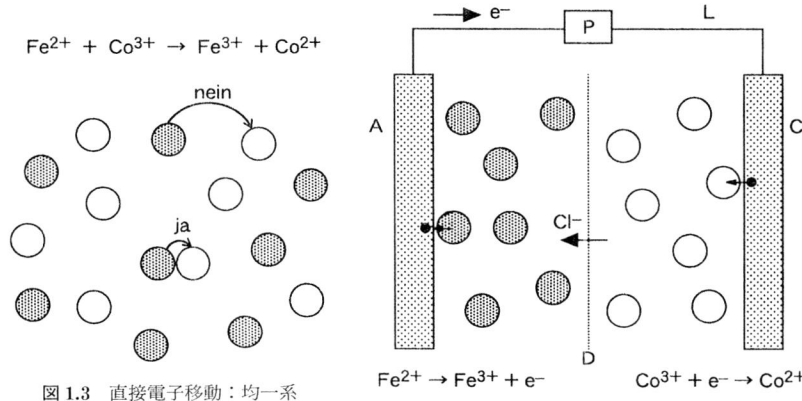

図 1.3 直接電子移動：均一系
酸化還元反応
衝突時のみ電子移動が可能.

図 1.4 電極を介した電子移動：電気化学セル
での酸化還元反応

をイオン伝導経路で結んだ図 1.2 の等価回路で表せる．正常な充電に際して，両電極近傍に**発生する**過剰電荷が異符号等量のため，通常のキャパシタ（電解コンデンサを含めない）の延長線で「電解質溶液＝誘電体」と誤解されやすいが，誘電分極に関わる電解質溶液は両電極界面近傍に限られる（1.6.1 項）．

1.1.4 電気化学セル：2 つの反応性界面
a. 均一系の酸化還元反応

一方，電流が通過すると酸化と還元の化学変化が起こる電気化学系があり，電気化学セルと呼ぶ．まず，水溶液中のイオン種間の電子移動を例に，酸化還元反応を説明する．$FeCl_2$ と $CoCl_3$ 水溶液を混合すると，

$$Fe^{2+} + Co^{3+} \longrightarrow Fe^{3+} + Co^{2+} \tag{1.1}$$

の変化が自発的に起こる（図 1.3）が，これはレドックス（Redox）反応

$$還元：Co^{3+} + e^- \longrightarrow Co^{2+} \tag{1.2}$$

$$酸化：Fe^{2+} \longrightarrow Fe^{3+} + e^- \tag{1.3}$$

で，1 個の電子が Fe^{2+} から Co^{3+} へ移動することに他ならない．

電子は通常の溶液中で不安定なため，長距離ジャンプは不能で，電子移動はドナー Fe^{2+} とアクセプター Co^{3+} が衝突したときだけ起こる．衝突の場所は特定されないので，均一系の酸化還元反応と呼ぶ．電子が自然に移動する変化でも，均一系反応経路の場合は，電子移動の駆動力を外部回路で利用できない．

b. 電気化学セルの酸化還元反応

電気化学セル（図1.4）では，$Fe^{2+} \rightarrow Co^{3+}$ の直接電子移動ではなく，$Fe^{2+} \rightarrow$ 電極A→ 導線L→ 電極C→ Co^{3+} と電子移動経路が指定される．酸化が起こる電極Aをアノード，還元が起こる電極Cをカソードと呼ぶ．電子の経路A，LおよびCは，電子伝導体でなければならない．このセルは

$$A \mid FeCl_2(aq), FeCl_2(aq) \parallel CoCl_2(aq), CoCl_2(aq) \mid C \quad (1.4)$$

と表記され，Lの途中に電気的負荷をはさめば，電子移動の駆動力を直接利用し，セルに電気仕事をさせることができる．

セル全体の変化は式（1.1）で表せるが，左側の溶液中の電気的中性条件は，電極Aへ流出した電子と等電荷量のアニオンの流入（またはカチオンの流出）を要求する．同様に右側では，電極Cから流入した電子と等電荷量のアニオンの流出（またはカチオンの流入）が必要となる．隔膜Dがもしカチオンの移動を許すと，前述の均一系反応も起こってしまう．

このセルは2つの反応性界面を含むが，その等価回路は電池記号ただ1つである．電気回路図を描く人，見る人が，電池をブラックボックス化するためだが，「電流10Aで端子電圧が0.2V変化．だから内部抵抗は$0.02\,\Omega$」という木を見て森を見ずの議論が続く．本章ではセルの開回路電圧，閉回路電圧の支配因子を明らかにする．セルの開回路電圧は電気化学系の熱力学（1.2.2項）で議論される．

c. 電子の自然流と逆流

導線Lが切れたら，A→Cの電子移動は不能で，反応も停止する．しかし開回路の静電状態（＝電荷静止の状態）でも，Fe^{2+}/Fe^{3+} 対とA，Co^{2+}/Co^{3+} 対とCの間で電子は往復できる．つまり電子移動の平衡が両界面で成り立ち，A-C間には電子の位置エネルギーの差が開回路状態で存在する．

図1.4のようにA-C間を導線で結べば，電子は自発移動する．しかし外部電源を用い，A-C間に静電状態以上の電位差を与えれば，電子の不自然な逆流も可能である．このとき電子は逆方向に移動し，化学変化の方向も反転する．電気エネルギーを外部から投入する電子逆流の典型例は，電気分解である．電気屋さんが描く電解槽の等価回路は抵抗1本だろうが，外部電源から見た電解槽の等価抵抗は非線形で，無限大に発散したり，経時変化もする．

1.1.5 電気化学系の定常動電と非定常動電

以上のように，電気化学系内の動電（＝電荷が動く．物理学の charges in motion）現象には電子とイオンの伝導が同時に関与する．電極系界面で起こるのが，誘電分極か酸化還元変化かが分岐点で，後者は重要な応用分野につながる．

動電現象の考察には定常（＝時間に依存しない）と非定常との区別が重要である（図 1.5）．蓄積過剰電荷量に上限がある電気二重層キャパシタでは，充電・放電によらず，有限の定常電流を維持できない．一方，電気化学セルでは，定常的な反応物搬入と生成物搬出が両極界面の局所的な反応場でともに可能なら，有限の定常電流が通過する．

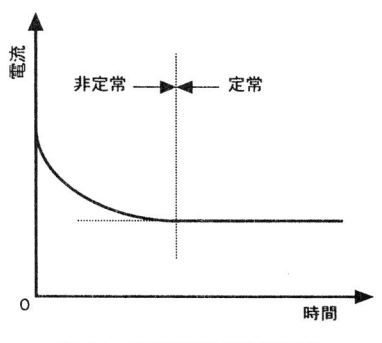

図 1.5 定常電流と非定常電流

1.2 電気化学系の熱力学

電気化学系内で起こる状態変化が誘電分極であっても酸化還元反応であっても，電気的な仕事を外部回路と必ずやりとりする．この節では，電気的な仕事が関与しない化学熱力学をまず復習してから，電気化学系への拡張を考えよう．熱力学が嫌いな方も，この節をとばしてしまったら先へ進めない．いわば必修項目である．

1.2.1 化学熱力学のあらまし
a. 系と外界，系の状態変化

熱力学では考察対象の物質群を系と呼び，系の状態変化に伴って周囲の外界から系へ移動する熱量 q と，系が外界に対してなす力学的仕事量 w の関係を議論する．今，図 1.6 の状態変化を考える．化学反応式で表せば，

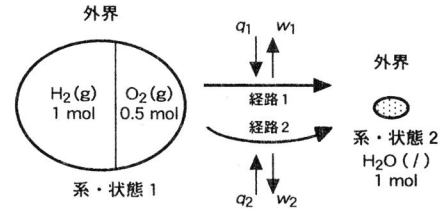

図 1.6 状態変化経路に依存する熱量と仕事量

$$H_2(g) + \frac{1}{2}O_2(g) \longrightarrow H_2O(l) \tag{1.5}$$

で，変化前は $H_2(g)$ 1 mol，$O_2(g)$ 0.5 mol が別々に存在し，変化後は H_2O (l) 1 mol である．化学結合状態と分子集合状態だけではなく，系の物理変数の温度 T，圧力 P も指定する必要があり，この例では変化前後とも 298 K，1 atm である．

b. エネルギー保存則：内部エネルギー増加量，吸熱量，外界になす仕事量

系の内部エネルギー U は化学的・物理的状態で定まる．多くの場合，化学変化の ΔU は変化前後の化学結合エネルギーの差にほぼ等しい．熱力学第一法則

$$\Delta U = q - w \tag{1.6}$$

はエネルギー保存を表し，系が外界から吸う熱量 q と系が外界になす仕事量 w との差が内部エネルギー増加 ΔU に等しい．ΔU は変化経路にはよらず変化前後の状態で一義的に定まるので，$(q-w)$ も変化経路によらないが，q と w そのものは経路に依存する．

c. 仕事に対する制限条件：変化前後の状態で決まる仕事量と熱量

そこで第1制限条件として，系の体積膨張で外界になす力学的仕事量（以下，体積仕事量と呼ぶ）w_{PV} が，仕事 w の全量に等しい

$$w = w_{PV} \tag{1.7}$$

とする．w_{PV} は外界の圧力 P_{ext} にさからって系が膨張する体積仕事

$$w_{PV} = \int P_{ext}\, dV \tag{1.8}$$

で表現でき，V は系の体積である．

さらに第2制限条件として，体積 V が変化前後で等しいとすれば，唯一の仕事 w_{PV} がゼロだから，式 (1.6) を書き直せば，

$$\Delta U = q_V \tag{1.9}$$

となる．q_V を等容反応熱と呼ぶが，等容とは V 一定の経路ではなく，変化前後で V が等しいことを規定する．q_V は ΔU と同様，変化前後の系の状態で一義的に決まる（吸熱が正，放熱が負の定義に再度注意）．

別の第2制限条件として，圧力 P が状態変化前後で等しいとし，系の圧力 P を P_{ext} で置き換えると，式 (1.6) は

$$q_P = \Delta U + P\Delta V \equiv \Delta H \tag{1.10}$$

となる．変化前後の系の状態で ΔU も ΔV も定まるため，等圧反応熱 q_P は変化に固有な熱量で，新たな状態関数（＝エンタルピー）の変化 ΔH が定義される．$P = P_{ext}$ は力学的平衡条件で，w_{PV} 最大の可逆的体積変化を規定する．たとえば爆発のように不可逆的体積変化過程を含むなら，$q_P = \Delta H$ の関係は成立しない．

d. 可逆的状態変化における吸熱量

熱と仕事の授受に関する外界との平衡を保ちつつ，逆行可能な微小ステップを重ね，無限長時間で初期状態から最終状態に至る仮想的な変化経路を，可逆経路と呼ぶ．可逆経路での熱量 q_{rev} も変化前後の状態で一義的に定まる．

ボールが坂道を落下するような有限速度の自発的変化では，**不可逆な熱が系内で発生**する．その一例は分子・原子の移動に伴う摩擦熱である．このため，自発的な不可逆変化経路で系が外界から受け取る熱量 q_{irrev} は，必ず

$$q_{rev} > q_{irrev} \tag{1.11}$$

となる．この不等式は不可逆過程の定義を与え，系が外界へ**放出する**熱量は**可逆過程で最少**となることを示す．

e. 化学的経路での状態変化の自発性

w_{PV} のみが関与する自発的不可逆変化の条件は，変化前後で V または P が等しい状態変化に対し，それぞれ式 (1.9), (1.10) より

$$q_{rev} > q_V = \Delta U \tag{1.12}$$

$$q_{rev} > q_P = \Delta H \tag{1.13}$$

で表現できる．

ここで，[エネルギー][絶対温度]$^{-1}$ 次元をもつエントロピー S

$$dS \equiv \frac{dq_{rev}}{T} \tag{1.14}$$

を新状態量として定義する．S はエネルギーではなく，エネルギーの質を表し，系が乱雑化するほど増加する．変化前後の温度が T で等しいとき，q_{rev} は

$$q_{rev} \equiv T\Delta S \tag{1.15}$$

で表され，ΔS は系のエントロピー変化である．

P と T が前後で同一なら自発的状態変化の条件は，式 (1.13), (1.15) より

$$\Delta G \equiv \Delta H - T\Delta S < 0 \tag{1.16}$$

と書ける．左辺の状態関数 G はギブズ自由エネルギーと呼ばれ，G が減少する

変化は自発的・不可逆である．乱雑性の高い気体の物質量が増加し（$\Delta S>0$），発熱する（$\Delta H<0$）反応は，必ず自発的に起こる．なお，$\Delta G>0$ なら逆方向の変化が自発的で，$\Delta G=0$ ならば2つの状態がその P，T 下で平衡にある．

f. 系が開いている場合のギブズ自由エネルギー変化

仕事や熱に加え，外界との間で物質の往来も許す系を開いた系と呼ぶ．この場合，たとえば新たに加わる物質が先在物質群に混合するか，単独で新相をつくるかの問題が生じる．詳細は省くが，開いた系の状態変化の ΔG は，生成系と反応系物質群の化学ポテンシャル $\boldsymbol{\mu}$ の総和差

$$\Delta G = \sum_{\text{prod.}} \nu_p \boldsymbol{\mu}_p - \sum_{\text{react.}} \nu_r \boldsymbol{\mu}_r \tag{1.17}$$

で，ν は各物質の化学量論係数である．各物質の化学ポテンシャルは，

$$\boldsymbol{\mu}_i = \boldsymbol{\mu}_i^\circ + RT \ln a_i \tag{1.18}$$

で表せ，$\boldsymbol{\mu}_i^\circ$ は標準化学ポテンシャル，a_i は活量（＝熱力学的な無次元化濃度．単独相をつくるとき1）である．任意の化学変化に対する ΔG は

$$\Delta G = \Delta G^\circ + RT \ln \frac{\prod_{\text{prod.}} a_p^{\nu_p}}{\prod_{\text{react.}} a_r^{\nu_r}} \tag{1.19}$$

$$\Delta G^\circ = \sum_{\text{prod.}} \nu_p \boldsymbol{\mu}_p^\circ - \sum_{\text{react.}} \nu_r \boldsymbol{\mu}_r^\circ \tag{1.20}$$

と書ける．以上が化学熱力学の概略だが，$w=w_{PV}$ の制限条件に注意されたい．

1.2.2 電気化学系への拡張：電気化学熱力学

a. 電気仕事の関与

電気化学的状態変化では電気仕事も関与し，$w=w_{PV}$ は適用されない．以下では電気仕事量 w_{elec} が w_{PV} に加わる場合に限定し，電気化学熱力学なる新語で注意を喚起する．なお光電気化学も一重要分野だが，ここでは光エネルギーの関与を除外する．さて w_{elec} が加われば，系が外界になす仕事量 w は

$$w = w_{PV} + w_{\text{elec}} \tag{1.21}$$

となり，エネルギー保存則から系の吸熱量 q も変わる．経路によらない ΔU，ΔS，ΔV で定義された ΔH，ΔG は経路に独立だが，$w=w_{PV}$ の制限解除と同時に，ΔH は等圧反応熱を意味せず，ΔG の符号も変化の自発性を判定しない．

b. 電気化学的経路での可逆的状態変化

可逆的状態変化の条件は電気化学経路でも $q=q_{\text{rev}}$ だから，変化前後が等圧の

場合，$w_{elec,rev}$ は式（1.6）より

$$q_{rev} = \Delta U + (P\Delta V + w_{elec,rev}) \tag{1.22}$$

を満たす．q_{rev} は q の最大値で，ΔU と $P\Delta V$ は経路に依存しないため，$w_{elec,rev}$ は必然的に w_{elec} の最大値となる．つまり，右辺（ ）内は w_{PV} と w_{elec} の最大値で，前後が等圧かつ等温である電気化学経路の状態変化に対して，

$$w_{elec,rev} = T\Delta S - (\Delta U + P\Delta V) \equiv -\Delta G \tag{1.23}$$

と書き直せる．前後が等圧かつ等温の状態変化に対し，化学経路の場合 ΔG はその符号しか意味をもたないが，電気化学経路では $-\Delta G$ が $w_{elec,max}$ に等しい．以上の誘導過程の「電気的」仕事は本質的制限ではなく，前後が等圧かつ等温の状態変化でなしうる「非体積」仕事の最多量を $-\Delta G$ は表している．

c. 電気化学的経路での状態変化の自発性

自発過程の条件は電気化学経路でも $q < q_{rev} (= T\Delta S)$ で，$w_{elec} < w_{elec,rev}$ と等価である．$-\Delta G > 0$ の状態変化は $0 < w_{elec} < w_{elec,rev}$，放熱量 $-q > -T\Delta S$ なら自発進行する（典型例は可逆電圧以下で放電する電池）．$-\Delta G < 0$ の状態変化も $-q > -T\Delta S$ さえ満たせば自発的で，$-w_{elec} > -w_{elec,rev} > 0$ の電気仕事が**投入**される（典型例は可逆電圧以上での電気分解）．電気仕事の方向によらず，自発過程の放熱量は最少値 $-T\Delta S$（決して $-\Delta H$ ではない）より多い．

d. 電気仕事量の表記

w_{elec} は［電圧×電荷量］または［電圧×電流×時間］で表せる．電気化学系は2つの電極系で構成されるので，電圧は左側基準，電流は系内を左→右と約束し，混乱を防止する．実測される電気化学系の電圧 U は，左右の電極相中の自由電子のフェルミエネルギー E_F の差，

$$U = (E_{F,R} - E_{F,L})/(-e) \tag{1.24}$$

である．電磁気学では「電流は高電位→低電位」と表現するので，負の素電荷 $-e$ をもつ電子の位置エネルギー E_F の高低と電位の高低は逆転する．

電気化学系は外部電圧 U_{ext} にさからって電気仕事をなす（w_{PV} と類似）が，系の電圧 U で U_{ext} を置き換えられれば，電気仕事量を

$$w_{elec} = \int_0^Q U dQ \tag{1.25}$$

で表せ，Q は状態変化の完了までに移動する全電荷量である．

e. 電気化学セルの熱力学

電気化学セルの場合，電荷移動方向の約束は左側電極系で酸化反応，右側電極系で還元反応を意味し（左右逆に書けば，セル反応が逆転：$-\Delta G$ と U_{rev} の符号も反転），外部回路の電子移動は左→右である．$-\Delta G>0$ の場合，この電子移動は自発的で電気仕事をなすので，$E_{\mathrm{F,L}} > E_{\mathrm{F,R}}$ で $U>0$ である．

電荷量 Q は反応関与化学種の物質量変化に関係し，たとえば H_2 は $2e^-$ を放出 $2H^+$ に酸化されるので，1 mol あたり $2F$ である．F はファラデー定数で［素電荷×アボガドロ数］に等しい．つまり，ある化学種 i の 1 mol あたり，mol(i)$^{-1}$ で，状態変化を表すときの Q は nF で，n は i の反応電子数である．したがって，電気化学セルがなしうる電気仕事量の最大値 $w_{\mathrm{elec,rev}}$ は，

$$\int_0^{nF} U_{\mathrm{rev}} \mathrm{d}Q = -\Delta G \tag{1.26}$$

で表せるが，nF の電荷移動が完了するまで可逆電圧 U_{rev} が一定，$\mathrm{d}(-\Delta G)/\mathrm{d}Q=\mathrm{const.}$（全化学種が単独相を形成）の場合には，

$$nFU_{\mathrm{rev}} = -\Delta G \tag{1.27}$$

と簡単になる．

さて「電位」の用語が，電気化学の大きな混乱要因である．端的な例を示そう．金属 M_1｜金属 M_2 の接触が平衡状態にあれば，界面を横切る電流はゼロで，自由電子の往来は均衡する．つまり，M_1，M_2 に電位差はなく，自由電子の平均位置エネルギーは両側で等しい．ところが，M_1 と M_2 で自由電子を束縛するエネルギー（＝仕事関数）が異なるので，

[**全位置エネルギー**]＝－[**束縛エネルギー**]＋[**静電的位置エネルギー**]

と分離すれば，静電位差（＝接触電位差）があると表現される．電子やイオンの荷電粒子集団を扱う電気化学でも，それらの位置エネルギーを化学的項と静電的項に分離して議論される．しかし静電位とは，媒質と相互作用しない仮想点電荷に対して定義される概念上の物理量で，相が異なる2点間の静電位差は実測できない．本章では静電位を電位とは呼ばないことにする．

1.3　誘電性界面付近の静電状態

電子伝導体とイオン伝導体を接触させたら，その界面はどのような自然状態に

落ち着くかを考えよう．この節では，界面を横切る電子の移動が許されない場合，つまり自然状態が電子移動の平衡で規定されない場合を取り上げる．結論を先に示すと，電子伝導体表面に対する各イオンの個性（たとえばアニオンの方が集まりやすい）によって，界面近傍のイオン伝導体は電気的中性を失い，過剰な電荷をもつ．電子伝導体側では表面付近にこれと等量で異符号の過剰電荷が対立し，界面全体としては電気的に中性である．このように，最も自然な状態では，対立過剰電荷量が一般にゼロではない．またこれと同時に，電極系両側の静電位差を考えるには，対立過剰電荷が界面の垂線方向にどのように分布するかが重要である．

1.3.1 電気二重層：界面両側に対立する正負の過剰電荷

たとえば2つの白金電極を硫酸水溶液に浸し，左右対称な電気化学系

$$\mathrm{Pt} \mid \mathrm{H_2SO_4(aq)} \mid \mathrm{Pt} \tag{1.28}$$

を準備すると，同じ状態にある両端の白金間に電位差はない．しかし，白金｜溶液界面には正負の過剰電荷が非クーロン的作用で自然に対立し，そこに静電位勾配が生まれる．また界面で反応が起こる場合，電子移動や関与化学種輸送が過剰電荷の分布領域で行われるため，現象が複雑化する．

1.3.2 電子伝導体側の過剰電荷

周期的格子の末端表面原子だけに許される特殊な電子状態が結晶には存在する．この表面電子状態の二次元密度が高ければ，すべての過剰電荷は表面原子層に収容されて内部へ拡がらず，表面電子状態の占有・非占有だけで過剰電荷量を議論できる（＝帯電した金属でも内部に電場はない）．一方，電子状態（三次元）密度が低い半導体では，表面電子状態密度も低く，過剰電荷の一部は内部へ拡がる．ポアソン方程式によれば，電荷が分布する領域（＝空間電荷層）の静電位 ϕ は一様ではない．

電子伝導体の過剰電荷二次元密度 σ_E を，半導体も含めて一般に表すと，

$$\sigma_E = \sigma_S + \sigma_{SC} \tag{1.29}$$

で，σ_S は表面電子状態中，σ_{SC} は空間電荷層中の過剰電荷である．表面と内部の静電位差 $(\phi_S - \phi_E)$ と σ_E の関係は一般に複雑である．例外は金属や高表面電子状態密度の半導体で，$\phi_S = \phi_E$ のまま σ_E が自在に変化する．

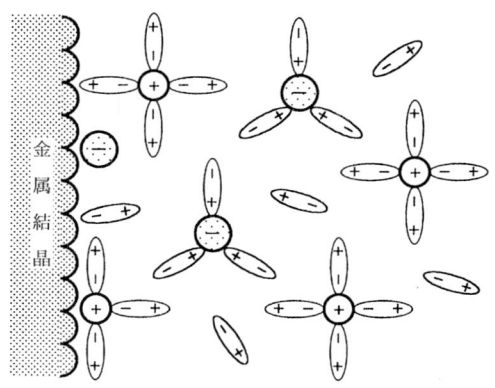

図 1.7 金属結晶｜電解質溶液界面のイオン種と溶媒双極子
（イメージ図）

1.3.3 イオン伝導体側の過剰電荷

界面に集積する過剰イオンには各種の微視的モデルがあるが，直接的な観察例は知らない．液体誘電体を電場中で冷却し，電場配向のまま分子を凍結すると，両面が正負に帯電した固体（エレクトレットと呼ぶ．永久磁石に類似）が得られるが，これが今後のヒントとなるであろう．

金属結晶｜電解質溶液界面のモデルを図 1.7 に描いた．①完全溶媒和イオン，②完全脱溶媒和イオン（＝特異吸着イオン），③部分脱溶媒和イオン，④溶媒和に参加しない溶媒分子，が表面付近に存在する可能性があり，表面と接しないイオンの過不足も過剰電荷量に関与する．図 1.8 のシュテルンモデルでは，イオンの最近接面を界面に平行な面 H とする．

a. 空間電荷に対するポアソン-ボルツマン方程式

電極相表面からイオン伝導体内部へ向かう座標を x，過剰電荷三次元密度を ρ_I で表せば，ポアソン方程式は

$$\frac{\mathrm{d}^2\phi}{\mathrm{d}x^2} = -\frac{1}{\varepsilon\varepsilon_0}\rho_\mathrm{I} \tag{1.30}$$

で，ε_0 は真空の誘電率，ε は媒質の比誘電率である．面 H の座標を x_H，過剰電荷ゼロのバルクの座標を x_I とすると，過剰電荷の二次元密度 σ_I は

$$\sigma_\mathrm{I} = \int_{x_\mathrm{H}}^{x_\mathrm{I}} \rho_\mathrm{I}\mathrm{d}x \tag{1.31}$$

で表せる．

簡単のため，+1 価カチオンと -1 価アニオンの電解質を仮定すると，カチオン密度 N_+ とアニオン密度 N_- の不均衡で生じる ρ_I は，

1.3 誘電性界面付近の静電状態

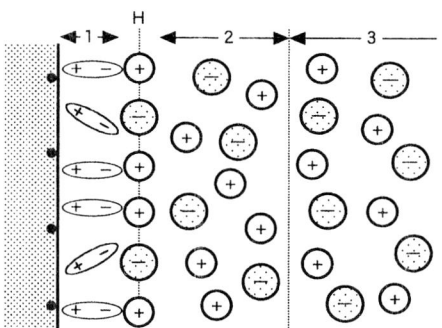

図 1.8 シュテルンの電気二重層モデル
1:溶媒配向分極領域,2:空間電荷領域(拡散二重層),3:バルク(過剰電荷密度ゼロ).

$$\rho_{\mathrm{I}} = e(N_+ - N_-) \tag{1.32}$$

である。静電位 ϕ が高いほどカチオンはいにくく,アニオンはいやすいが,バルクの静電位を ϕ_{I} としてボルツマン分布則を適用すれば,

$$N_+ = N_{\mathrm{I}} \exp\left\{-\frac{e}{kT}(\phi - \phi_{\mathrm{I}})\right\} \tag{1.33}$$

$$N_- = N_{\mathrm{I}} \exp\left\{\frac{e}{kT}(\phi - \phi_{\mathrm{I}})\right\} \tag{1.34}$$

と書け,N_{I} はバルクにおける N_+,N_- である。ρ_{I} と ϕ の関係を表すこれらの式をポアソン方程式と組み合わせればよい。そのポアソン-ボルツマン方程式の解[3]を著者が書き換えると,

$$\rho_{\mathrm{I}} = \sqrt{2kTN_{\mathrm{I}}\varepsilon_{\mathrm{I}}\varepsilon_0}\left\{\exp\left(-\frac{u_{\mathrm{H}}}{2}\right) - \exp\left(\frac{u_{\mathrm{H}}}{2}\right)\right\} \tag{1.35}$$

$$u_{\mathrm{H}} \equiv \frac{e}{kT}(\phi_{\mathrm{H}} - \phi_{\mathrm{I}}) \tag{1.36}$$

で,u_{H} は静電位差 $(\phi_{\mathrm{H}} - \phi_{\mathrm{I}})$ を無次元化する。電気化学でよく登場する kT/e(分子と分母にアボガドロ数をかけると RT/F)は,25℃で約 25 mV の電位差に相当する。つまり,25℃における kT は約 25 meV(25−25 で覚えやすい)のエネルギーである。ここで $|u_{\mathrm{H}}| \ll 1$ のとき,式(1.35)は

$$\rho_{\mathrm{I}} = -\sqrt{2kTN_{\mathrm{I}}\varepsilon_{\mathrm{I}}\varepsilon_0}\, u_{\mathrm{H}} \tag{1.37}$$

と近似できる。$\varepsilon_0/\mathrm{F \cdot m^{-1}} = \varepsilon_0/\mathrm{C^2 \cdot J^{-1} \cdot m^{-1}} = 8.85 \times 10^{-12}$,$k/\mathrm{J \cdot K^{-1}} = 1.38 \times 10^{-23}$,$e/\mathrm{C} = 1.62 \times 10^{-19}$ であり,$\varepsilon_{\mathrm{I}} = 80$(水の概略値)とすれば,$N_{\mathrm{I}}/\mathrm{cm^{-3}} = 6.0 \times 10^{20}$(=濃度 1 mol·dm^{-3}),$T/\mathrm{K} = 298$ の 1−1 型電解質水溶液に対して,この式右辺の平方根は 5.9 $\mu\mathrm{C \cdot cm^{-2}}$($= 3.6 \times 10^{13}\, e \cdot \mathrm{cm}^{-2} = 3.6 \times 10^{-3}\, e \cdot \mathrm{Å}^{-2}$)と見積られる。

b. 空間電荷層の厚さ

面Hでの静電位勾配のまま，どれだけ溶液内部へ進めば ϕ_I の静電位に達するかを示すデバイ長さ L_dd は，空間電荷層の重要なパラメータで，

$$L_\mathrm{dd} = -\frac{\phi_\mathrm{H} - \phi_\mathrm{I}}{\left(-\dfrac{\mathrm{d}\phi}{\mathrm{d}x}\right)_{x=\mathrm{H}}} \tag{1.38}$$

と定義される．一方，電束線に関するガウスの定理を適用すれば，

$$\sigma_\mathrm{I} = \varepsilon_\mathrm{I}\varepsilon_0 \left(-\frac{\mathrm{d}\phi}{\mathrm{d}x}\right)_{x_\mathrm{H}} \tag{1.39}$$

が得られ，これらの式から

$$L_\mathrm{dd} = \sqrt{\frac{\varepsilon_\mathrm{I}\varepsilon_0 kT}{2e^2 N_\mathrm{I}}} \frac{u_\mathrm{H}}{\exp\left(-\dfrac{u_\mathrm{H}}{2}\right) - \exp\left(\dfrac{u_\mathrm{H}}{2}\right)} \tag{1.40}$$

$$L_\mathrm{dd} \approx \sqrt{\frac{\varepsilon_\mathrm{I}\varepsilon_0 kT}{2e^2 N_\mathrm{I}}} \tag{1.41}$$

が導ける．近似式 (1.41) は $|u_\mathrm{H}| \ll 1$, $|\phi_\mathrm{H} - \phi_\mathrm{I}| \ll (kT/e)$ の場合に適用され，1-1型電解質の密度 N_I の平方根に逆比例するが，u_H には依存しない．この空間電荷層の代表厚さを同様に見積ると，濃度 $1\,\mathrm{mol}\cdot\mathrm{dm}^{-3}$ で $L_\mathrm{dd}/\mathrm{nm} = 30$ となる．

c. 固定電荷と分布電荷

面Hはヘルムホルツ面と通常呼ばれるが，この面上の過剰電荷二次元密度 σ_H をもし別扱いにすれば，

$$\sigma_\mathrm{I} = \sigma_\mathrm{H} + \int_{>x_\mathrm{H}}^{x_\mathrm{I}} \rho_\mathrm{I}\,\mathrm{d}x \tag{1.42}$$

と書き直され，吸着のような非電磁気学的要因で集積するイオンの過剰電荷量も σ_H に含められる．右辺第2項の空間分布電荷が無視できれば $\sigma_\mathrm{I} \approx \sigma_\mathrm{H}$ で，σ_H は電極相の表面電子状態中の過剰電荷量に相当する．$x > x_\mathrm{H}$ の空間電荷領域は拡散二重層 (diffused double layer) と呼ばれ，後に登場する拡散層 (diffusion layer) ときわめて紛らわしいので，注意を要する．

1.3.4 電極系の静電位差とその変化

電極系界面両側の電気的中性条件は，もちろん

$$\sigma_\mathrm{E} = -\sigma_\mathrm{I} \tag{1.43}$$

である．電極相表面（平面とする）Sと面H間の領域 ($0 < x < x_\mathrm{H}$) には，分極電荷のみで過剰真電荷が存在しないと仮定し，ガウスの定理を再度適用すれば，

$$\sigma_\mathrm{I} = \varepsilon_\mathrm{I}\varepsilon_0 \left(-\frac{\mathrm{d}\phi}{\mathrm{d}x}\right)_0 = \varepsilon_\mathrm{I}\varepsilon_0 \left(-\frac{\mathrm{d}\phi}{\mathrm{d}x}\right)_{x_\mathrm{H}} \tag{1.44}$$

となる．つまり，この領域を平行平板キャパシタとみなすもので，水溶液で水の

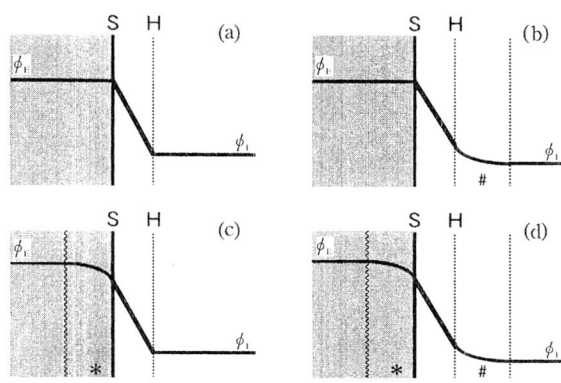

図 1.9 電極系の静電位差の配分
#：イオン伝導体側の空間電荷層（拡散二重層），
＊：電子伝導体側の空間電荷層．
(a)：#なし，＊なし　　(b)：#あり，＊なし
(c)：#なし，＊あり　　(d)：#あり，＊あり

比誘電率をそのまま代入するならば，$\varepsilon_I/{-}=78.54$（298 K）である．

　界面両側の静電位 ϕ の変化を一般化し，図 1.9 に示した．ϕ が非直線的に変化する両側の空間電荷層は，電子担体やイオンのバルク密度が高いと圧縮され，界面は (a) のように S-H の平行板キャパシタに近づく．

　電子伝導相バルクとイオン伝導相バルクとの静電位差

$$g \equiv \phi_E - \phi_I$$
$$= -(\phi_S - \phi_E) + (\phi_H - \phi_I) \tag{1.45}$$

は絶対電極電位と呼ばれることがある．しかしこの g は，組成が異なる二相間での静電位差で，直接的に実測できない．静電位差 g の絶対値は不可測だが，その変化量

$$\Delta g = -\Delta(\phi_S - \phi_E) + \Delta(\phi_H - \phi_I) \tag{1.46}$$

は測定・設定できる．図 1.10 のように，電極相が金属の場合は右辺第 1 項を，半導体の場合は（かなり注意を要するが）第 2 項を無視するのが一般的である．

　電極系界面の微分静電容量 C は

$$\frac{1}{C} = \frac{d\Delta g}{d\sigma} = \frac{-d\Delta(\phi_S - \phi_E)}{d\sigma} + \frac{d\Delta(\phi_H - \phi_I)}{d\sigma} \tag{1.47}$$

で，2 つのキャパシタ C_E, C_I の直列接続にあたる．上述の近似は $C_E \gg C_I$（金属

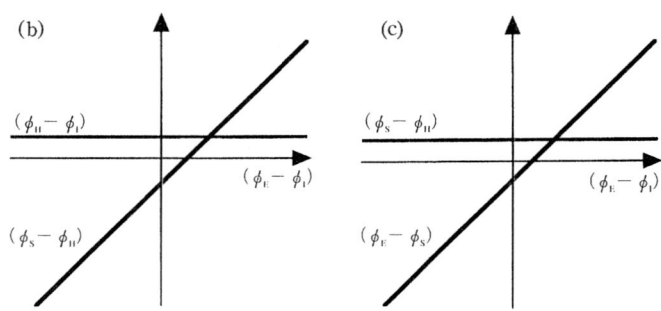

図 1.10 電極系の静電位差変化の配分
(b)：金属電極の典型例，(c)：半導体電極の典型例

電極)，$C_E \ll C_I$（半導体電極）と等価で，Δg と σ の変化に際して，静電容量が小さく分極しやすい側で大きな静電位差が発生する．

1.4 反応性界面の静電状態

電子伝導体｜イオン伝導体界面を横切る電子移動が可能ならば，界面の自然状態は電子移動の平衡条件で規定される．電子ピッチャー（還元体）と電子キャッチャー（酸化体）の種類——つまりレドックス対が何か——とそれらの人口密度によって，電子伝導体中の自由電子の平均エネルギーが決まる．平衡状態でやりとりされる電子の流束が交換電流密度に対応する．「酸化体・還元体の少なくとも一方はイオン」と「電子は遠投がきかないので，界面直近の酸化体・還元体濃度が考察対象」の 2 点は，是非読み落とさないでほしい．

1.4.1 界面を横切る電荷担体の動的平衡：交換電流密度

セル（1.1.4 項）の電極 A｜$Fe^{2+/3+}$，電極 C｜$Co^{2+/3+}$ のような電子ノンブロッキング界面を考えよう．均一系の場合と同様の理由で，Fe^{2+} や Fe^{3+} が A の表面に接近したときだけ電子が移動し，遠投はできない．図 1.11 のように，電子授受に参加できる Fe^{2+}，Fe^{3+} の整列面を電極面と呼び，電極相表面と区別する．

両方向の電子移動速度が i_0 で等しく，正味の電子流束がゼロの平衡状態を図 1.12 に示す．i_0 は交換電流密度と呼ばれ，電子移動速度を単位界面積あたりの電流値で表したものだが，その大きさは動電現象の容易さ（1.7.4 項）と外乱に対

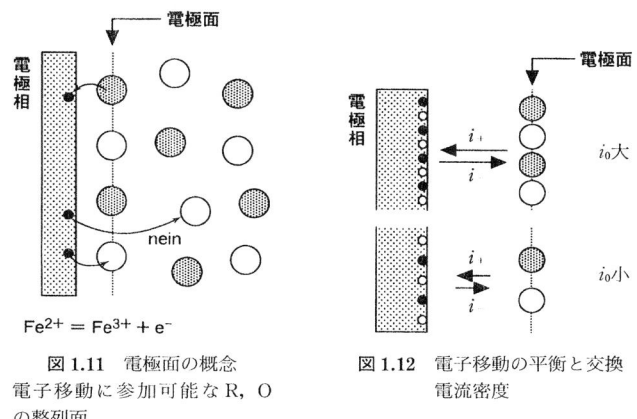

図 1.11 電極面の概念
電子移動に参加可能な R, O の整列面.

図 1.12 電子移動の平衡と交換電流密度

する電極系の安定度を示す．i_0 の大きい電極系は，平衡からわずかにずれただけでかなりの反応電流を生じる．1万人の乗客輸送がローカル線より東海道新幹線にとってずっと楽であるのと似ている．

酸化，還元方向の電流密度 i_+，i_- は，それぞれ

$$i_+ = k_+ N_{\mathrm{emp}} N_{\mathrm{Fe}^{2+}} \tag{1.48}$$
$$i_- = k_- N_{\mathrm{ocp}} N_{\mathrm{Fe}^{3+}} \tag{1.49}$$

で近似でき，N_{emp} と N_{ocp} は電極相表面での空電子状態と占有電子状態の二次元密度，$N_{\mathrm{Fe}^{2+}}$ と $N_{\mathrm{Fe}^{3+}}$ は電極面での電子ドナーとアクセプターの二次元密度，また k_+，k_- は速度定数である．これは各電子状態のエネルギー分布を考慮しない近似で，詳細は他書[4]にゆずるが，通常の電極系界面での電子移動は等エネルギーの占有・非占有状態間で起こり，電磁波の出入りを伴わない．

電極相を金属に限定するとき，N_{emp} や N_{ocp} は定数とされる．また電極相が半導体のときは，その表面ばかりではなく，トンネル効果で内部と行う電子遠投授受も考慮すべき場合がある．

1.4.2 標準水素電極系の基準設置

セル起電力の基準となる左側電極系には，標準状態の水素電極系（安定な白金電極相が H_2 分圧 1 atm の気相と H^+ イオン活量が 1 の水溶液相とに接した系．standard hydrogen electrode の頭文字から略称 SHE）が国際的標準とされる．これを左側，任意の可逆電極系を右側におき，たとえば

$$\text{Pt} \mid \text{H}_2(p_{\text{H}_2}/\text{atm}=1),\ \text{H}^+(a_{\text{H}^+}=1) \parallel \text{Fe}^{2+},\ \text{Fe}^{3+} \mid \text{C} \tag{1.50}$$

のセルを構築し，実測される可逆起電力

$$U_{\text{rev}} = (E_{\text{F,C}} - E_{\text{F,Pt}})/(-e) \tag{1.51}$$

から，任意電極系電極相 C のフェルミ準位 $E_{\text{F,C}}$ を $E_{\text{F,Pt}}$ 基準で定める．

式（1.50）の反応を移動電子数 $n=2$ で記述すると，

$$\text{アノード反応：} \text{H}_2 \longrightarrow 2\text{H}^+ + 2\text{e}^- \tag{1.52}$$

$$\text{カソード反応：} 2\text{Fe}^{3+} + 2\text{e}^- \longrightarrow 2\text{Fe}^{2+} \tag{1.53}$$

$$\text{全反応：} \text{H}_2 + 2\text{Fe}^{3+} \longrightarrow 2\text{H}^+ + 2\text{Fe}^{2+} \tag{1.54}$$

で，その $-\Delta G$ は 1.2.1.f から

$$-\Delta G = -\Delta G^\circ - RT \ln \frac{a_{\text{H}^+}^2 a_{\text{Fe}^{2+}}^2}{a_{\text{Fe}^{3+}}^2 p_{\text{H}_2}} \tag{1.55}$$

$$-\Delta G^\circ = -(2\mu_{\text{H}^+}^\circ + 2\mu_{\text{Fe}^{2+}}^\circ) + (2\mu_{\text{Fe}^{3+}}^\circ + \mu_{\text{H}_2}^\circ) \tag{1.56}$$

で表される．a_i は化学種 i の活量，μ_i° は標準化学ポテンシャル，$-\Delta G^\circ$ は標準自由エネルギー減少である．標準水素電極の定義をもとに書き直せば，

$$-\Delta G = -(2\mu_{\text{Fe}^{2+}}^\circ - 2\mu_{\text{Fe}^{3+}}^\circ) - (2\mu_{\text{H}^+}^\circ - \mu_{\text{H}_2}^\circ) - 2RT \ln \frac{a_{\text{Fe}^{2+}}}{a_{\text{Fe}^{3+}}} \tag{1.57}$$

で，$\mu_{\text{H}^+}^\circ$ と $\mu_{\text{H}_2}^\circ$ はともにゼロとさらに**約束する**と，$-\Delta G$ は

$$-\Delta G = -2\left(\mu_{\text{Fe}^{2+}}^\circ - \mu_{\text{Fe}^{3+}}^\circ + RT \ln \frac{a_{\text{Fe}^{2+}}}{a_{\text{Fe}^{3+}}}\right) \tag{1.58}$$

となり，右側電極系の酸化体・還元体の種類と活量だけで表現できる．

セル反応の $-\Delta G$ を 1 mol の電子に対する電位差に換算したものが，実測される可逆起電力 U_{rev} に等しくなる

$$U_{\text{rev}} = -\frac{\Delta G}{nF} \tag{1.59}$$

には，イオン伝導体間の界面 ∥ に静電位差があってはならず，U_{rev} の計測機器が十分に大きい入力抵抗をもつことも必要である．

1.4.3 相対電極電位に関するネルンストの式

さて，右側の電極系での還元反応をより一般的に

$$\text{カソード反応：} x\text{O} + n\text{e}^- \longrightarrow y\text{R} \tag{1.60}$$

と書けば，移動電子 n mol に対する $-\Delta G$ は

$$-\Delta G = -\left(y\boldsymbol{\mu}_R° - x\boldsymbol{\mu}_O° + RT \ln\frac{a_R^y}{a_O^x}\right) \tag{1.61}$$

で表される．左側に SHE をおいたセルの U_{rev} を，右側電極系の可逆電極電位

$$E_{rev} = \frac{-\Delta G}{nF} \tag{1.62}$$

と定義すると，上の式から

$$E_{rev} = E° + RT \ln\frac{a_O^x}{a_R^y} \tag{1.63}$$

$$E° = \frac{y\boldsymbol{\mu}_R° - x\boldsymbol{\mu}_O°}{nF} \tag{1.64}$$

が導かれ，E_{rev} は酸化体と還元体の活量 a_O, a_R の関数となる．標準電極電位と呼ばれる $E°$ は $a_O = a_R = 1$ のときの E_{rev} で，電極系の固有値である（付録 A 参照）．

標準水素電極は取り扱いや維持が容易ではないため，実際の測定には他の第二基準電極系（参照電極とも呼ぶ．付録 B 参照）を用いることが多い．

1.4.4　ネルンストの式の意味

式 (1.63) は熱力学的に導かれたが，図 1.13 のように，電子を収容したい酸化体 O が増え，電子を放出したい還元体 R が減ると，電子移動平衡を保つには電極相の E_F を下げ，O への電子供給を抑制して R からの電子収納を促進する必要がある．E_F 低下は E_{rev} 上昇と等価である．

他書[5)] ですでに指摘されたが，電子伝導体中の自由電子と同様に，R/O レドックス系中に保持される反応関与電子に対してもフェルミ-ディラック統計

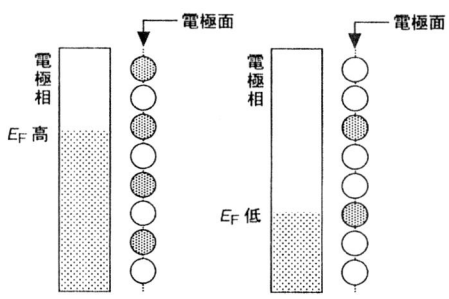

図 1.13　電極面上での酸化体 ○/還元体 ● 濃度比による電極相 E_F の変化

$$f(E) = \cfrac{1}{1+\exp\left(\cfrac{E-E_\mathrm{F}}{RT}\right)} \tag{1.65}$$

が成り立つことを，ネルンストの式は示している．ここで，$f(E)$ はエネルギー E の状態を電子が占有する確率で，$f(E_\mathrm{F})=0.5$ である．エネルギーを無次元化する exp 項の分母は，kT ではなく RT とし，電子 1 mol について表記している．

簡単のため，R と O の化学量論係数はいずれも 1 とし，R は電子 n 個を所有する状態，O は電子 n 個が空である状態と考える．電子の全状態密度が $n(a_\mathrm{O}+a_\mathrm{R})$ に，電子占有状態の密度が na_R に正比例するならば，

$$f(E)=\frac{a_\mathrm{R}}{a_\mathrm{O}+a_\mathrm{R}} \tag{1.66}$$

と書け，これを式 (1.65) に代入すれば，

$$1+\frac{a_\mathrm{O}}{a_\mathrm{R}}=\frac{1}{f(E)}=1+\exp\left(\frac{E-E_\mathrm{F}}{RT}\right) \tag{1.67}$$

$$RT\ln\frac{a_\mathrm{O}}{a_\mathrm{R}}=E-E_\mathrm{F} \tag{1.68}$$

を得る．$a_\mathrm{O}=a_\mathrm{R}$ のときの E_F を E_F° とおいて，E を消去すると，

$$E_\mathrm{F}=E_\mathrm{F}^\circ - RT\ln\frac{a_\mathrm{O}}{a_\mathrm{R}} \tag{1.69}$$

となり，$a_\mathrm{O}/a_\mathrm{R}$（近似的に O/R 濃度比）による E_F の変化を表す．これを n mol の電子に対する電位変化に換算すれば，ネルンストの式 (1.63) と同形になる．

1.4.5 空間電荷層の影響

電子移動に関わるのは，電極相表面近傍の R や O に限定される．したがって，それらの存在位置をヘルムホルツ面 H 上と仮定すれば，ネルンストの式中の活量比 $a_\mathrm{O}/a_\mathrm{R}$ は面 H 上の値で，バルクにおける値ではない．

R，O の少なくとも一方はイオン種で，かつ同価数イオンではあり得ないため，静電位がバルク ϕ_I と面 H 上 ϕ_H で異なる場合には，$a_\mathrm{O}/a_\mathrm{R}$ もバルクと面 H 上で異なる．たとえば R が +2 価，O は +3 価のカチオンで，それらの活量が

$$RT\ln a_{\mathrm{O}^{3+},\mathrm{H}}+3F\phi_\mathrm{H}=RT\ln a_{\mathrm{O}^{3+},\mathrm{I}}+3F\phi_\mathrm{I} \tag{1.70}$$

$$RT\ln a_{\mathrm{R}^{2+},\mathrm{H}}+2F\phi_\mathrm{H}=RT\ln a_{\mathrm{R}^{2+},\mathrm{I}}+2F\phi_\mathrm{I} \tag{1.71}$$

の関係にしたがうならば（＝電気化学ポテンシャルの仮定），

$$-\frac{RT}{(3-2)F}\ln\frac{a_{\mathrm{O}^{3+},\mathrm{H}}}{a_{\mathrm{R}^{2+},\mathrm{H}}}=-(\phi_\mathrm{H}-\phi_\mathrm{I})+\frac{RT}{(3-2)F}\ln\frac{a_{\mathrm{O}^{3+},\mathrm{I}}}{a_{\mathrm{R}^{2+},\mathrm{I}}} \tag{1.72}$$

が導かれるが，両辺の (3−2) は移動電子数 n に一般化される．面 H の外側に空間電荷領域が拡がる場合も，$a_\mathrm{O,H}/a_\mathrm{R,H}$ で決まる E_F に静電位差 $(\phi_\mathrm{H}-\phi_\mathrm{I})F$ を加味すれば，$a_\mathrm{O,I}/a_\mathrm{R,I}$ から**形式的に算出**される E_F に等しくなることを，式 (1.69)，(1.72) は示している．つまり，拡散二重層の存在は E_F や E_rev に影響しないが，$a_\mathrm{O,H}/a_\mathrm{R,H}$ を変化させ i_0

には影響する．電極相側に空間電荷領域が存在する場合も，まったく同様である．

1.5　伝導体内部での動電現象

いよいよ電荷が一方向に移動する現象を述べよう．この節では，電子伝導体やイオン伝導体の内部における電荷担体の移動現象をまとめた．元来は100％物理学のジャンルであろうが，電気化学にとっても重要な事項を含んでいる．

1.5.1　電荷担体の運動方程式と移動度

ビル屋上からパチンコ玉を落とせば，空気抵抗力はほぼ無視でき，地面までの大半は等加速度落下する．質量 m と半径 r の比 (m/r) が小さいピンポン玉なら，空気抵抗力のため大半は等速度落下する．電場中での電子やイオンの運動はピンポン玉落下に類似で，位置によらない一様な電場が伝導体に印加されると，電荷担体は最初加速されるが，周囲からの抵抗力が増加すると等速度運動に入る．

重力場の影響を無視し，x 軸方向の一様な電場強度を V として，質量 m，荷電 ze の坦体粒子の運動方程式を書けば，

$$zeV - Y\frac{dx}{dt} = m\frac{d^2x}{dt^2} \tag{1.73}$$

である．左辺第1項は電場から受ける駆動力，第2項は速度に正比例して媒質から受ける抵抗力だが，速度が上昇してこれらがつりあうと，加速度はゼロとなり，等速度の定常運動に至る．このとき，坦体の定常速度は

$$\left(\frac{dx}{dt}\right)_{st} = \frac{zeV}{Y} \tag{1.74}$$

で表せ，V，z と抵抗力の係数 Y で決まる．定常速度を V で割ると，

$$u = \frac{\left(\frac{dx}{dt}\right)_{st}}{V} = \frac{ze}{Y} \tag{1.75}$$

で泳動の移動度（＝ドリフト移動度）u が定義できる．

流体中のイオンに対する係数 Y は，流体をかきわけて進む球モデルから，

$$Y = 6\pi\eta r \tag{1.76}$$

で表され，ストークス式と呼ぶ（π：円周率）．流体の粘性率 η が高いほど，イ

オン半径 r が大きいほど移動度 u は低下する．固体中を泳動する自由電子やイオンの場合は，構成原子や他イオンとの衝突で高速度ほど跳ね返されやすくなる．また高温ほど格子振動が激しいので，自由電子の移動度は低下する．

2 階常微分方程式（1.73）を時間 t で 1 回積分し，初速度をゼロとおくと，

$$\frac{dx}{dt} = \frac{zeV}{Y}\left\{1-\exp\left(-\frac{Y}{m}t\right)\right\} \tag{1.77}$$

を得る．exp 項を無次元化する非定常運動の時定数 τ は，

$$\tau = \frac{m}{Y} = \frac{m}{ze}m \tag{1.78}$$

で，この時定数以内に電場自体が変動すれば，定常運動に至らず，オームの法則も適用できない．水溶液中のイオン伝導に対するオームの法則の上限周波数（= $1/\tau$）を，便覧データから見積もられたい．m は ［エネルギー］［速度］$^{-2}$ 次元である．

1.5.2 アインシュタインの関係式と電気伝導率

電流はゼロだが，荷電 ze をもつ担体の密度 N と静電位 ϕ が x 軸方向に変化する場合，静電位置エネルギーに関するボルツマン則で密度 N を表せば，

$$N = N_0 \exp\left(-\frac{ze}{kT}\phi\right) \tag{1.79}$$

で，N_0 は $\phi=0$ の基準点での担体密度である．N の勾配

$$\frac{dN}{dx} = -\frac{ze}{kT}N\frac{d\phi}{dx} = N\left(-\frac{d}{dx}\frac{ze\phi}{kT}\right) \tag{1.80}$$

は，無次元化静電位 $ze\phi/kT$ の勾配と N の積に等しい．担体が濃度勾配で拡散する際に運ぶ電流密度 i_{diff} は，フィックの第一法則から

$$i_{\text{diff}} = -zeD\frac{dN}{dx} \tag{1.81}$$

で表せ，D はその（自己）拡散係数である．これらの式から，

$$i_{\text{diff}} = -\frac{z^2e^2}{kT}DN\frac{d\phi}{dx} \tag{1.82}$$

を得る．一方，担体が静電位勾配で泳動する際の電流密度 i_{mig} は

$$i_{\text{mig}} = zeNu\frac{d\phi}{dx} \tag{1.83}$$

だから，$i_{\text{diff}}+i_{\text{mig}}=0$ で電流ゼロのとき，アインシュタインの関係式

$$\frac{u}{D}=\frac{ze}{kT} \tag{1.84}$$

が導ける．この式は，ϕ と N（厳密には化学ポテンシャル）がともに変化する場で，担体の静止条件を規定する．$z=+1$ の担体が $1\,\text{mol}\cdot\text{dm}^{-3}$（密度 6×10^{20} cm^{-3}）で存在するなら，電位勾配 $+25\,\text{mV}\cdot\text{dm}^{-1}$ が濃度勾配 $-1\,\text{mol}\cdot\text{dm}^{-4}$ とつりあう（25°C）．

電荷 $z_i e$，移動度 u_i の担体 i が密度 N_i で共存するとき，伝導率 κ は一般に

$$\kappa=e\sum_i u_i z_i N_i \tag{1.85}$$

で表される．これは各担体の独立泳動の仮定（＝電解質溶液の場合，コールラウシュのイオン独立移動則）を含むが，電気伝導や拡散などの不可逆輸送現象では，各流束の相関関係も議論の対象となる（たとえば，文献[6] 参照）．

1.5.3　電気伝導経路の抵抗とジュール熱

伝導率 κ の電気伝導体が電流通過断面積 A，距離 L の形状をもつなら，

$$R=\frac{1}{\kappa}\frac{L}{A} \tag{1.86}$$

で，その電気抵抗 R を簡単に表せる．しかし電解液の伝導経路で A が一定なのはむしろ例外である．A が一定でなくとも通過距離の関数で表せれば（同心二重円筒面間，異面積の平行平面間など），R を積分で求められる．

オームの法則によれば，抵抗 R の経路に電流 I で電荷を移動させるには，両端に電圧 IR が必要で，電気伝導のために貴重な電気エネルギーが単位時間あたり I^2R のジュール熱に変わる．I か R を小さくすれば，この損失を抑制できる．ジュール熱 q_J は電気化学系が放出する不可逆熱（1.2.2.c）の**一部にすぎないが**，その発生速度は各伝導経路 i の抵抗を R_i とすると，

$$\frac{dq_J}{dt}=I^2\sum_i R_i \tag{1.87}$$

で表せる．q_J 抑制のために I を小さくすると，工業上は経済的損失を生む．たとえば，ソーダ電解槽で I を 50% にすると，単位時間あたりの NaOH 生産量も約 50% になり，NaOH 1 t あたりの人件費やプラント償却費は約 2 倍に増加する．不可逆的な放出熱の抑制や有効利用（一部の燃料電池では温水併給で実施）

は，高電力料金のわが国における電気化学工業ではとくに重要である．

1.6 誘電性界面付近での動電現象

この節では，電子移動反応が起こり得ない界面に通過する電流を考えよう．この種の電荷輸送は，界面で対立する過剰電荷の変化を必然的にもたらす．「過剰電荷量の上限により定常電流はゼロ」と「過剰電荷量の制限をオーバーすれば，電子移動を伴う破壊現象が起こる」の2点がキーポイントである．

1.6.1 分極性電流の通過：過剰空間電荷量の増減

誘電性界面に通過する電流は，自然浸漬状態で先在する界面過剰電荷量を増減させ，図1.14のような誘電分極を引き起こす．単位面積あたり C の微分静電容量をもつ界面に，一定電流密度 i を与えたときの応答は，式（1.47）から

$$i = \frac{d\sigma}{dt} = C\frac{d\Delta g}{dt} = \text{const.} \tag{1.88}$$

で表せ，C 一定の範囲内では，絶対静電位差 $g(\equiv \phi_E - \phi_I)$ が時間 t に対し直線的に変化する．不可測な g を可測な相対電極電位 E で置き換えると，

$$E - E_{pzc} = g \tag{1.89}$$

と書けるが，左辺の E_{pzc} は $\sigma = 0$ を与える無電荷電位（potential of zero charge）で，静電容量や界面張力などの測定で実験的に決定できる．

自然浸漬電位 E_{sp} から別のある電極電位 E に保持すると，分極性電流密度は

$$i = \frac{E - E_{sp}}{R}\exp\left(-\frac{t}{CR}\right) \tag{1.90}$$

のように，時間 t に対して指数関数的に減少する．ここで，R はこの電極系の等価直列抵抗で，CR は非定常電

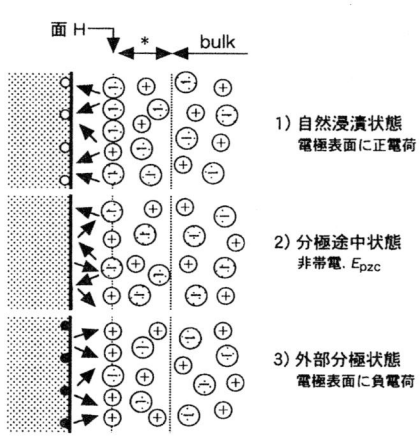

図1.14 金属｜電解質溶液界面における誘電分極過程の一例（電流方向←）
↗：溶媒双極子，＊：空間電荷領域（拡散二重層）．

流の時定数にあたる．次項に述べる理由から，誘電性界面における動電現象はすべて非定常的なものとして取り扱うべきである．

1.6.2 誘電分極の限界：分極性界面の降伏

静電容量 C の通常のキャパシタを電圧 U まで充電したとき，分極電荷量 Q_{pol} と誘電体に蓄えられた静電エネルギー E_{pol} は，それぞれ

$$Q_{pol} = \int_0^U C dU \tag{1.91}$$

$$E_{pol} = \int_0^U CU dU = \frac{1}{2} CU^2 \tag{1.92}$$

で表されるが，U，Q_{pol}，E_{pol} には上限がある．図 1.15 のように，誘電体の構成原子，分子，不可動イオンが強電場に耐えきれず電子を放出して，それらが玉つき移動し（＝電子なだれ），絶縁破壊の電子電流が通過する．両極の蓄積電荷の中和に際してキャパシタ内部に E_{pol} が放出され，不可逆的な構造変化を招く．

電気二重層キャパシタの E_{pol} にも上限があり，本来は誘電性の電極系界面が，非分極性電流の通過を許し始める．図 1.16 のように，過剰電荷の集積を妨げるこの降伏現象は2つの界面について独立で，負極表面の蓄積電子が電解液側へしみ出したり，電子が枯渇した正極表面に電解液側から電子がしみ入ったりして，電解液中の化学種の還元・酸化が起こる．「正極付近の集積アニオンが酸化され，負極付近の集積カチオンが還元される」**とは限らず**，それ以外の化学種（溶媒など）が対象でもよいが，電解液中

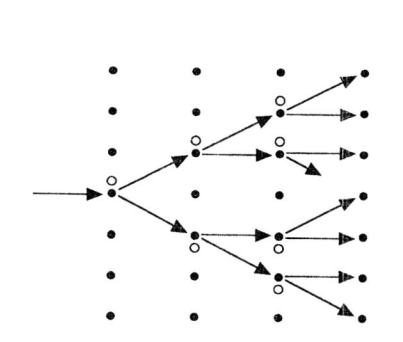

図 1.15 誘電体結晶の降伏：電子なだれ電流
●：格子点の価電子，○：正孔
電子と正孔の対はねずみ算式に増加．

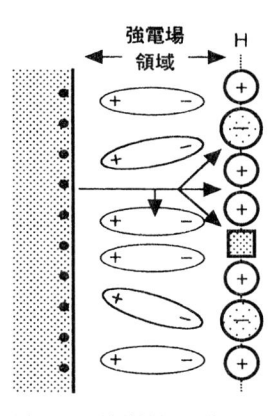

図 1.16 分極性界面の降伏：
還元電流のとき
負に帯電した電極相表面から電子が飛び出し，何らかの化学種（過剰なカチオンとは限らない）を還元．

央部には電子電流ではなくイオン電流が通過する．

1.6.3 分極性電流と非分極性電流の特徴

以上のように，電極系界面での動電現象では，対立過剰電荷量を増減させる誘電分極性電流と，反応を伴う非分極性電流との明確な区別が必要である．重要な点は，① 界面が誘電性を保つ限り非分極性電流は通過しないが，反応性界面では分極性電流も一部通過する，② 非分極性界面を横切る担体は電子に限定されず，イオンもありうる，③ 実用はさておき電荷輸送だけを考えると，左右の電極系がともに非分極性，ともに分極性である必要はない．

「非」が逆につくが，誘電分極性電流を非ファラデー電流（i_{n-F}），非分極性電流をファラデー電流（i_F）とも呼ぶ．誘電性界面での過剰電荷量には上限値があるため，図1.17の模式図のように通過する i_{n-F} の定常値はゼロで，時間依存性の非定常成分だけからなる．一方，反応性界面では i_{n-F} のほかに i_F も通過でき，反応が定常的に進行可能なら i_F は有限の定常値をもつ（i_F＝非定常成分＋定常成分）．主要応用分野の電解槽や電池などは，左右ともに定常進行可能な反応性界面で構成される．

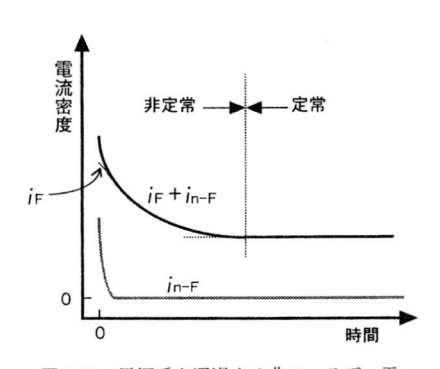

図1.17 電極系を通過する非ファラデー電流（i_{n-F}）とファラデー電流（i_F）

1.7 反応性界面での動電現象

ついに電気化学のメインテーマにたどりついた．電子移動反応が起こる反応性界面での通過電流に対しては，電荷収支のみならず反応関与物質の収支も考慮する必要がある．反応に関与するのは，一般に電子とイオンと非イオンであり，「電子は伝導電子，イオンは伝導イオン」とは限らない．物質輸送の駆動力である泳動（電子とイオンのみ），拡散，対流（流体相中のみ）の働きを，1.7.2項で注意深く読み取ってほしい．

なおこの節では，時間 t も考慮すべき非定常な輸送現象を割愛した．

1.7.1 移動電荷量と化学種の物質量変化：ファラデーの法則

反応性界面を通過する電荷量 Q と関与化学種の物質量変化 ΔM とが正比例するというファラデーの法則は

$$\Delta M = \frac{Q}{nF} = \frac{\int I \, dt}{nF} \tag{1.93}$$

と書ける．ここでファラデー定数 F は 1 mol の電子がもつ電荷量（=96.5 kC・mol $(e^-)^{-1}$），また n はその物質 1 mol あたりに移動する電子の mol 数である．この式はファラデー電流（定常でなくてもよい）を時間 t で積分した電荷量に対して成立し，電流 I が非ファラデー成分を含む場合には適用できない．

1.7.2 反応関与物質および電荷の定常輸送

電極系での反応の進行には，伝導電子→反応電子⇨反応関与イオン→伝導イオン（またはその逆）の電荷リレーと同時に，リレーランナーのやりくり（＝反応関与非イオン種も含めた物質輸送）も要求される．最も単純な反応の進行過程を図 1.18 に描いたが，これは反応性界面への反応物の搬入，電子移動，反応性界面からの生成物の搬出の素過程からなる．一般には，電子移動に先行または後続する化学反応や吸着・脱着などの過程も含まれる．界面電子移動にあたる矢印⇨の議論は後回しとし，ここではそれ以外の輸送現象を述べる．

関与物質の輸送場は反応性界面に接すべきだが，非イオン種の輸送場だけは，電子伝導相やイオン伝導相に限らず第 3 の相でもよい．つまり，両伝導相とは独立な気相，液相，固相を含んだ三相界面の電極系もありうる．関与物質の輸送が遅れ，時間とともに反応場で反応物が不足し，生成物が蓄積されると，反応の進行が阻害される．時間を考慮すべき非定常輸送現象は除外し，以下では定常輸送を考える．また，関与物質濃度に勾配が生じる領域を輸送層と定義する．

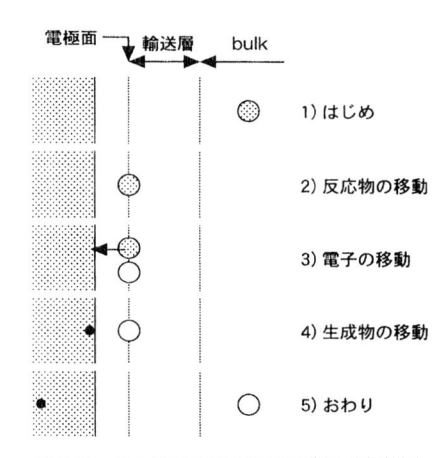

図 1.18 最も単純な電極反応の進行（素過程）電子移動に先行・後続する化学反応過程なし．

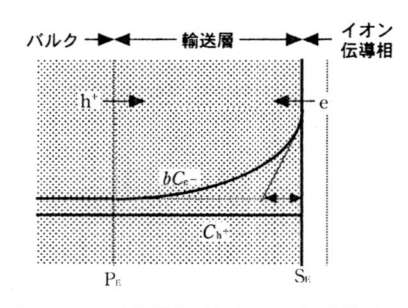

図 1.19 p 型半導体電極相への伝導帯電子（少数電荷担体）の注入（係数 $b \gg 1$）

なお反応電子，反応関与イオンが唯一の電荷担体でもある場合には，それぞれ反応電子と伝導電子，反応関与イオンと伝導イオンの区別は不要となる．反応関与物質群の輸送駆動力は一般に拡散と泳動であるが，各物質の移動が互いに独立な限り，非イオン種の輸送に静電位勾配は関係しない．

a. 反応関与電子の輸送層

半導体電気化学を詳述する紙数の余裕はないが，半導体中では伝導帯電子 e^- と価電子帯正孔 h^+ が区別される．これら電荷担体間の熱的平衡を乱すような担体の生成や消費が，その表面で進行する場合に，以下の考察が必要となる．

p 型半導体（内部で h^+ の輸率が 1）表面で，伝導帯へ少数担体 e^- が注入される酸化反応を図 1.19 に描いた．表面の輸送層右端面 S_E では，非平衡な高濃度にある e^- が 100 %，左端面 P_E では h^+ が 100% の電荷を輸送する．単位時間あたり S_E で左向きに 100 e^-，P_E で右向きに 100 h^+ の定常流束があれば，輸送層内では $100(e^- + h^+)$ の電子再結合が起こる．実在粒子の電子が消滅するのではなく，表面で注入された非平衡 e^- は，寿命 τ_{e^-} がつきると低エネルギー安定状態（$= h^+$）に遷移し，電荷輸送は継続される．h^+ の右移動は e^- の左移動に相当する．

S_E で注入された e^- の平均拡散距離 L_{e^-} は，その拡散係数を D_{e^-} とすると，

$$L_{e^-} = \sqrt{D_{e^-} \tau_{e^-}} \tag{1.94}$$

で表せる．左向きの位置座標を x とし，$x = L_{e^-}$ での e^- 濃度 C_{e^-} をゼロと近似すれば，輸送層内での平均濃度は

$$-\frac{\Delta C_{e^-}}{\Delta x} = -\frac{0 - C_{e^-,0}}{L_{e^-} - 0} \tag{1.95}$$

と書け，$C_{e^-,0}$ は S_E での e^- の定常濃度である．さらに，フィックの第一法則にしたがう e^- の拡散流束が，定常反応電流密度 i に相当するならば，

$$i = FD_{e^-} \frac{C_{e^-,0}}{L_{e^-}} = F\sqrt{\frac{D_{e^-}}{\tau_{e^-}}} C_{e^-,0} \tag{1.96}$$

となる．$C_{e^-,0}$ は i に正比例するが，再結合速度が低くて τ_{e^-} が長いほど，また D_{e^-} が小さいほど，その比例係数が小さくなる．以上とは逆に，e^- が表面から引き抜かれる還元反応の場合は読者の課題とする．

b. 反応関与化学種の輸送層

今，還元体 R_l，酸化体 O_k の化学量論係数をそれぞれ ν_l，ν_k とし，電極系での反応を

1.7 反応性界面での動電現象

$$\sum_{\text{react.}} \nu_l R_l \longrightarrow \sum_{\text{prod.}} \nu_k O_k + ne^- \tag{1.97}$$

と書く．上述のように，R_l, O_k のうち少なくとも1つはイオン種で，イオン伝導相に存在する．非イオン種はイオン伝導相，電子伝導相，別の第三相のいずれに存在してもよい．各化学種の荷電数を z_l, z_k とすれば，電荷収支条件は

$$-\sum_{\text{react.}} z_l \nu_l + \sum_{\text{prod.}} z_k \nu_k = n \tag{1.98}$$

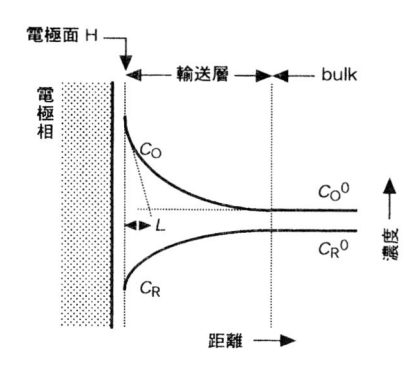

図 1.20 輸送層内での反応物欠乏と生成物蓄積

で表せる．イオン伝導相には反応非関与イオンも一般に共存するが，定常状態の輸送層では，非関与イオンは静止し，関与イオン種のみが電荷を輸送する．

反応場に流入する R_l の流束を ϑ_{R_l}，反応場から流出する O_k の流束を ϑ_{O_k} とすれば，定常電流密度（酸化方向を正と定義）i における物質収支条件から，

$$\left|\frac{\vartheta_{R_l}}{\nu_l}\right|_{\text{all}/l} = \left|\frac{\vartheta_{O_k}}{\nu_k}\right|_{\text{all}/k} = \frac{\vartheta_{e^-}}{n} = \frac{i}{nF} \tag{1.99}$$

が成り立ち，全化学種に要求される定常流束は1移動電子あたり，

$$\left|\vartheta_{R_l} = \frac{\nu_l}{nF} i\right|_{\text{all}/l}, \quad \left|\vartheta_{O_k} = \frac{\nu_k}{nF} i\right|_{\text{all}/k} \tag{1.100}$$

となる．これらの物質輸送の駆動力は濃度勾配による拡散で，輸送層内の静電位勾配が小さければ，イオン種の輸送に対する泳動の寄与も無視できる．

生成物 O_k が図 1.20 の輸送層内を一次元的（非イオン種なら電流と無関係な方向でよい）に拡散するとき，フィックの第一法則で ϑ_{O_k} を表現すれば，

$$\frac{\nu_k}{nF} i = D_{O_k} \frac{C_{O_k,H} - C_{O_k,I}}{L_{O_k}} \tag{1.101}$$

となり，$C_{O_k,H}$ は反応面での O_k 濃度，$C_{O_k,I}$ は輸送層外側での O_k バルク濃度，D_{O_k} は O_k の拡散係数，L_{O_k} は O_k の拡散距離である．電流密度が高いほど，生成物が蓄積されて $C_{O_k,H}$ は上昇し，反応がそれだけ阻害されるので，定常進行により多くの駆動力（一般に濃度過電圧と呼ばれる）を必要とする．これは，**輸送層内に静電位勾配が生じるものではない**．化学種濃度には上限があり，液相輸送場では O_k を含む沈殿，固相輸送場では O_k を含む別固相が生成する可能性がある．

新固相の出現に際しては結晶核の生成と生長が必要である．

逆に反応物 R_l の流束を表現すれば，

$$-\frac{\nu_l}{nF}i = D_{R_l}\frac{C_{R_l,I} - C_{R_l,H}}{L_{R_l}} \tag{1.102}$$

となり，電流密度が高いほど $C_{R_l,H}$ は低下し，反応物が欠乏するので，反応の定常進行により多くの駆動力を要する．$C_{R_l,H}$ が下限値ゼロまで低下すると，

$$-\frac{\nu_l}{nF}i_L = D_{R_l}\frac{C_{R_l,I}}{L_{R_l}} \tag{1.103}$$

となり，拡散支配の限界電流密度 i_L に達する．i_L 以下の電流密度では

$$\frac{C_{R_l,H}}{C_{R_l,I}} = 1 - \frac{i}{i_L} \tag{1.104}$$

が成立し，$(i/i_L) \ll 1$ ならば $C_{R_l,H} \approx C_{R_l,I}$ で，R_l の輸送の不可逆性は消滅する．

輸送場が流体の場合，物質輸送は対流で促進される．とくに，強制的に攪拌や流動を行うと，拡散層の厚さ L_{O_l}，L_{R_l} が減少し，流束が増加する．

c. 対流の関与：銅電解精製槽

図 1.21 のような単純な電気化学セル—銅の電解精製槽—は

$$\mathrm{Cu(A) | CuSO_4(aq),\ H_2SO_4(aq) | Cu(C)} \tag{1.105}$$

で表せる．Cu(A) で粗銅を Cu^{2+} イオンに酸化，Cu(C) 表面上で Cu^{2+} を銅に還元するので，左右の電極系で同一反応が逆に起こる特異例である．銅より酸化されにくい不純物は (A) を囲む布袋に粉体で回収され，銅より酸化されやすいものは (C) で析出せず電解液中にイオンとして蓄積される．(C) に純銅薄板を

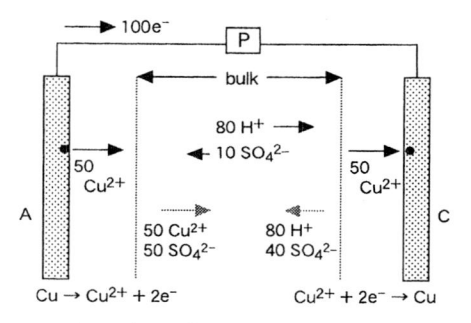

図 1.21 銅の電解精製槽における電荷と物質の定常輸送
バルクのイオン伝導は H_2SO_4 のみにより，H^+ の輸率を 0.8 とした．下の枠内は対流の輸送で，電荷は運ばない．両極近傍の輸送層内では泳動と拡散の駆動力がつりあい，Cu^{2+} 以外はみかけ上動かない．

準備すれば，精製された厚板（＝電気銅）が得られる．

イオン伝導体の硫酸銅・硫酸混合水溶液中のイオンは，濃度勾配による拡散と静電位勾配による泳動で動き，対流も一部関与する．電極や容器の表面近傍では流体の運動が制限されるため，自由に対流できない．電極表面近傍の輸送層領域では反応に関与する Cu^{2+} のみが電荷を輸送し，H^+ や SO_4^{2-} は動かない．

反応無関係電解質（＝支持電解質とも呼ぶ．この場合は硫酸）が十分高濃度で，イオン電流の100%を担う場合，(A)付近では H^+ が減少・SO_4^{2-} が増加，(C)付近では H^+ が増加・SO_4^{2-} が減少する．(A)付近に泳動した SO_4^{2-} と(A)から運ばれた Cu^{2+} は電解質 $CuSO_4$ として，(C)付近に泳動した H^+ は周囲の SO_4^{2-} とともに電解質 H_2SO_4 として，それぞれ反対極側へ対流で輸送される．対流は全化学種濃度を均一化し，電解質も輸送するが，電荷を運ぶことはない．現実の対流はよりミクロな空間領域で起こる．

電荷輸送は両極の輸送層中では Cu^{2+} が，バルクでは H^+ と SO_4^{2-} が行い，反応関与イオン種と伝導イオンとが同一である必要はない．また Cu^{2+} は輸送層中では拡散で，バルクでは対流で運ばれ，無関係電解質が静電位勾配を小さくしているので，泳動の寄与は少ない．輸送層の厚さは流体力学で決まるが，水と同程度の粘性率の液体が壁に対し静止する場合，数十 μm とされる．対流自体が考えにくい固体電解質，毛細管間隙中の電解液，高粘度電解液（電解液をゲル状にして液漏れ防止を図る電池もある）など，対流が抑制される系も多い．固体電解質も含めてイオン伝導率の正しい測定には，かなりの基礎知識を要する．

d. 混合伝導体中の輸送層

反応関与イオンを収容可能な電極相は，混合伝導（＝電子伝導＋イオン伝導）体とみなすべきである．そこで，電極系の構成を新たに

　　　純電子伝導相：混合伝導相｜イオン伝導相

とすれば，界面：はイオンの通過，界面｜は電子の通過を許さない．以下では，$+z$ 価カチオンが｜から挿入される単純な還元反応

$$M^{z+} + ze^- \longrightarrow \left[M^{z+} + ze^- \right]_T \tag{1.106}$$

を例にあげ，混合伝導性ホスト T が相変化を起こさず，M^{z+} と e^- を溶解（液相に限定する意味ではない）する濃度範囲に限定する．T 内の電荷収支から，｜で挿入される M^{z+} と同電荷量の e^- が：で流入するはずであるが，T が変化するため厳密な定常状態は想定しにくい．準定常輸送を図1.22で考えると，両端面の制限から M^{z+} は P_I で100%，P_E で0%，また e^- は P_E で100%，P_I で0%の電荷輸送を担う．M^{z+} と e^- が50%

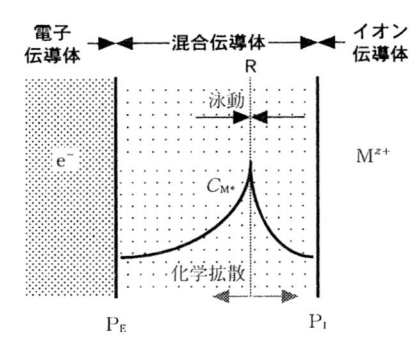

図1.22 混合伝導体中の電荷と物質の準定常輸送

M*の化学拡散は等寄与面Rから左向きと右向き．

ずつ電荷輸送を担う面を等寄与面Rと定義する．

M^{z+} 進行方向（＝電流方向）に x 座標をとり，担体 i の濃度を C_i，拡散係数（厳密には成分拡散係数）を D_i，移動度を u_i で表す．各担体の流束は泳動項と拡散項からなるが，左向き［M^{z+} 全流束］と右向き［e^- 全流束］との和が，任意の位置でこの還元反応の電流密度 $-i$ に相当するから，

$$\frac{-i}{e} = zC_{M^{z+}} u_{M^{z+}} \left(-\frac{d\phi}{dx}\right) + zD_{M^{z+}}\left(-\frac{dC_{M^{z+}}}{dx}\right) + C_{e^-} u_{e^-}\left(-\frac{d\phi}{dx}\right) - D_{e^-}\left(-\frac{dC_{e^-}}{dx}\right) \tag{1.107}$$

と書ける．ここで，アインシュタインの関係式を用いて D_i を $(m_i kT/z_i e)$ で書き換え，成分伝導率 σ_i と輸率 t_i を

$$\sigma_{M^{z+}} = zeC_{M^{z+}} u_{M^{z+}}, \quad \sigma_{e^-} = eC_{e^-} u_{e^-} \tag{1.108}$$

$$t_{M^{z+}} = \frac{zC_{M^{z+}} u_{M^{z+}}}{zC_{M^{z+}} u_{M^{z+}} + C_{e^-} u_{e^-}}, \quad t_{e^-} = \frac{C_{e^-} u_{e^-}}{zC_{M^{z+}} u_{M^{z+}} + C_{e^-} u_{e^-}} \tag{1.109}$$

で定義して，整理すると，任意の点での静電位勾配

$$\frac{d\phi}{dx} = \frac{(-i)}{\sigma_{M^{z+}} + \sigma_{e^-}} - \frac{kT}{ze}\frac{t_{M^{z+}}}{C_{M^{z+}}}\left(-\frac{dC_{M^{z+}}}{dx}\right) + \frac{kT}{e}\frac{t_{e^-}}{C_{e^-}}\left(\frac{dC_{e^-}}{dx}\right) \tag{1.110}$$

が得られる．なお，固体電気化学やイオニクスの分野では，化学ポテンシャル **μ** を用いた表記

$$\frac{d\boldsymbol{\mu}}{dx} = kT\frac{1}{C}\frac{dC}{dx} \tag{1.111}$$

$$\frac{d\phi}{dx} = \frac{(-i)}{\sigma_{M^{z+}} + \sigma_{e^-}} - \frac{t_{M^{z+}}}{ze}\left(-\frac{d\boldsymbol{\mu}_{M^{z+}}}{dx}\right) + \frac{t_{e^-}}{e}\left(-\frac{d\boldsymbol{\mu}_{e^-}}{dx}\right) \tag{1.112}$$

が一般的である．

式 (1.110)，(1.112) 右辺の第1項は混合伝導のオーム降下を与える静電位勾配で，他は M^{z+} と ze^- の対（以下 M* 対と呼ぶ）の化学拡散（付録C参照）に由来する．電荷を輸送しない化学拡散では，zD が大きい担体を減速，小さい担体を加速する静電位勾配が要求される．第2項は M^{z+} の先行拡散を抑える静電位勾配で，$u_{M^{z+}} \propto (t_{M^{z+}}/zC_{M^{z+}})$ が低く電子性が優勢な伝導体では消滅する．同様に第3項は，イオン性が優勢な伝導体では無視できる．

面R左側では［e^- 泳動流束］＞［M^{z+} 泳動流束］で，M* 対は左へ化学拡散，面R右

側では［e⁻泳動流束］＜［M^{z+}泳動流束］で，M* 対は右へ化学拡散するから，生成物 M* の濃度は面 R で極大となる．準定常状態の任意の点で，M^{z+} と e⁻ の全流束は $|-i/2e|$ 相当でつりあい，過剰電荷は**増減しない**．もともと不可逆輸送現象なので，$C_{M^{z+}}$ は P_I 側ほど，C_{e^-} は P_E 側ほど高く，厳密な電気的中性は中間の無電荷面（$t_{e^-} > t_{M^{z+}}$ なら面 R より左，$t_{e^-} < t_{M^{z+}}$ なら面 R より右）でしか成り立たない．

微分方程式（1.112）を右辺第 2 項が無視できる $t_{e^-} \to 1$ の極限（M* 対生成は P_I 近傍）で解こう．M* 対の拡散方向により第 3 項の符号が面 R 両側で逆転することを考慮し，この静電位勾配を面 P_I から面 P_E まで定積分すると，

$$\phi_{P_E} - \phi_{P_I} = -\frac{(-i)(x_{P_E} - x_{P_I})}{\sigma_{M^{z+}} + \sigma_{e^-}} + \frac{kT}{ze} \ln \frac{C_{e^-, P_E}}{C_{e^-, P_I}} \tag{1.113}$$

を得る．σ_{e^-} が十分高ければ第 1 項のオーム降下も無視でき，すばやい電子に関しては電流通過時も擬似的平衡（＝電子の電気化学ポテンシャル E_F は一様：両端での C_{e^-} の相違は静電位差 $\Delta\phi$ で相殺）が成立する．この極限例は，P_I 上で生成した金属 M の内部への拡散と等価である．

一方，$t_{M^{z+}} \to 1$ で $\sigma_{M^{z+}}$ も十分高い極限例（M* 対生成は P_E 近傍）では，

$$\phi_{P_E} - \phi_{P_I} = -\frac{kT}{ze} \ln \frac{C_{M^{z+}, P_E}}{C_{M^{z+}, P_I}} \tag{1.114}$$

となり，すばやいイオンに関しては擬似的平衡が成り立つ．このとき $\Delta\phi$ は，ネルンストの式が示す濃淡電池の起電力（＝E_F の差）に等しい．式（1.113）の一般的積分は困難だが，任意の位置で $zC_{M^{z+}} = C_{e^-} = zC_{M^*}$ を仮定するなら，

$$-\frac{d\phi}{dx} = -\frac{(-i)}{\sigma_{M^{z+}} + \sigma_{e^-}} + \frac{kT}{e}\left(\frac{t_{M^{z+}}}{z} - t_{e^-}\right)\frac{1}{C_{M^*}}\left(-\frac{dC_{M^*}}{dx}\right) \tag{1.115}$$

$$\phi_{P_E} - \phi_{P_I} = -\frac{(-i)(x_{P_E} - x_{P_I})}{\sigma_{M^{z+}} + \sigma_{e^-}} + \frac{kT}{e}\left(\frac{t_{M^{z+}}}{z} - t_{e^-}\right)\ln\frac{C_{M^*, P_E}}{C_{M^*, P_I}} \tag{1.116}$$

が導ける．化学拡散に起因する右辺第 2 項は，$t_{M^+} = 0.50$，$t_{M^{2+}} = 0.67$，$t_{M^{3+}} = 0.75$ の場合に消滅する．

1.7.3 過電圧と三電極法

反応進行時の電極電位 E と可逆電極電位 E_{rev} との差としてアノード，カソードの過電圧 η_A，η_C を

$$\eta_A = E_A - E_{rev,A} > 0 \tag{1.117}$$

$$\eta_C = E_{rev,C} - E_C > 0 \tag{1.118}$$

と定義する．セルの開回路電圧 U_{rev} は $(E_{rev,C} - E_{rev,A})$ だが，閉回路電圧 U は $(E_C - E_A)$ ではなく，

$$\pm(U - U_{rev}) = \eta_A + \eta_C + I\sum_i R_i \tag{1.119}$$

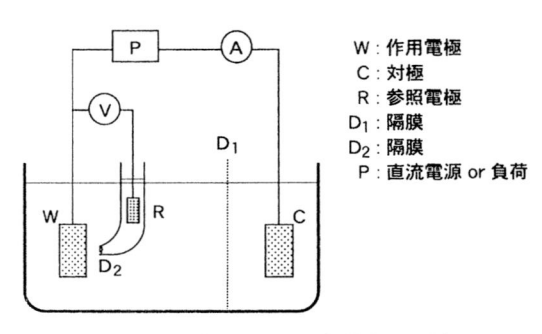

```
W：作用電極
C：対極
R：参照電極
D₁：隔膜
D₂：隔膜
P：直流電源 or 負荷
```

図 1.23　三電極法による単極過電圧の測定

にしたがい，複号の正は電気仕事投入時，負は電気仕事放出時に適用される．R_i は伝導部 i の抵抗で，$(U_\mathrm{rev} - U)/I$ が電池の「内部抵抗」の正体である．

オーム降下の影響を排除して η_A，η_C を評価するには，図 1.23 の三電極法を用いる．作用電極 W と対極 C の間に電流計 A 経由で電流を流し，可逆状態の参照電極 R（電流経路外）を基準に，W 極の電位変化を電圧計 V で計測する．必要なら隔膜 D_1，D_2 をおき，各溶液間の自由混合を防ぐ．R 極に接するイオン伝導体の先端を W 極近傍へ導かないと，オーム降下の影響を受ける．

1.7.4　電子移動過電圧

レドックス系 R/O の種類と電極面 H 上の $(a_\mathrm{O,H}/a_\mathrm{R,H})$ 比で $E_\mathrm{F,rev}$ は決まるが，ある電流密度 i で電子に界面を横切らせるには，電極相の E_F と $E_\mathrm{F,rev}$ に段差が必要で，これを電子移動過電圧 η_ct と呼ぶ．η_ct と i との関係は一般に図 1.24 で表現できる．

$$\frac{i}{i_0} = \frac{i_+ - i_-}{i_0} = \exp\left(\frac{\alpha_+ nF}{RT}\eta_\mathrm{ct}\right) - \exp\left(-\frac{\alpha_- nF}{RT}\eta_\mathrm{ct}\right) \tag{1.120}$$

$$\frac{i}{i_0} \approx \frac{nF}{RT}\eta \tag{1.121}$$

$$\log\left(\frac{i}{i_0}\right) \approx \log\left(\frac{i_+}{i_0}\right) = \frac{\alpha_+ nF}{2.303 \times RT}\eta_\mathrm{ct} \tag{1.122}$$

$$\log\left(\frac{-i}{i_0}\right) \approx \log\left(\frac{i_-}{i_0}\right) = \frac{\alpha_- nF}{2.303 \times RT}\eta_\mathrm{ct} \tag{1.123}$$

$$\alpha_+ + \alpha_- = 1 \tag{1.124}$$

ここで，i_0 は交換電流密度，i_+ と i_- はそれぞれ電極相への電子移動（anodic），

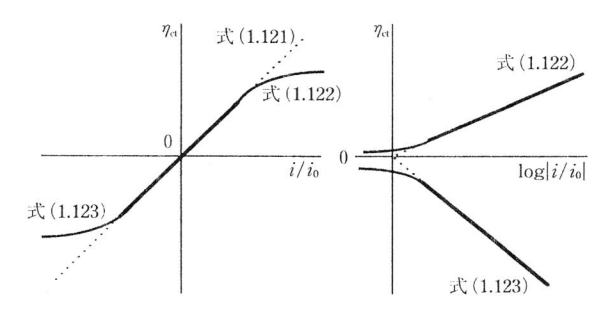

図 1.24 電子移動過電圧と電流密度の関係

電極相からの電子移動 (cathodic) の部分電流密度，また a_+ と a_- は各方向の移動係数である．基本式 (1.120) はバトラー-フォルマーの式と呼ばれ，電子移動反応の活性化エネルギーを考慮して導かれる（付録 D 参照）．式 (1.121) は

$$\left| \frac{anF}{RT} \eta_{ct} \right| \ll 1 \tag{1.125}$$

の場合，またターフェル式と呼ばれる式 (1.122)，(1.123) は，それぞれ

$$\frac{anF}{RT} \eta_{ct} \gg 1 \quad \text{or} \quad -1 \gg \frac{anF}{RT} \eta_{ct} \tag{1.126}$$

の場合について，式 (1.120) を近似したものである．

1.7.5 濃度過電圧

物質輸送は速いとみなせる場合の式 (1.120) は，$a_{R,H}$ や $a_{O,H}$ が不変と仮定し，i_0 に含んでいる．しかし物質輸送が速くない場合には（濃度表記に直すが），$C_{R,H}$ と $C_{O,H}$ が各平衡値（$C_{R,H}{}^0$，$C_{O,H}{}^0$）から変化する．1.4.5 項で述べたが，$\phi_H = \phi_I$ で拡散二重層の存在が無視できる場合に限り，$C_{R,H}{}^0$ や $C_{O,H}{}^0$ はそれらのバルク濃度に等しい．この式をより一般的に書き直せば，

$$\frac{i}{i_0} = \frac{C_{R,H}}{C_{R,H}{}^0} \exp\left(\frac{a_+ nF}{RT} \eta_{ct} \right) - \frac{C_{O,H}}{C_{O,H}{}^0} \exp\left(-\frac{a_- nF}{RT} \eta_{ct} \right) \tag{1.127}$$

となる．物質輸送が非定常なら $C_{R,H}$ や $C_{O,H}$ は経時的に変化し，一般的取り扱いは複雑になる．さらに厳密には，電子移動過程での反応物，生成物が全反応のそれらと同じとは限らず，電子移動に先行または後続する化学反応過程などが含まれる可能性もある．

$i_0 \gg |i|$ で，電子移動がほとんど可逆的とみなせるなら，可逆電極電位に関するネルンストの式から過電圧を，

$$\eta_{\text{conc}} = \frac{RT}{nF} \log\left(\frac{C_{\text{O,H}}{}^0 \, C_{\text{R,H}}}{C_{\text{O,H}} \, C_{\text{R,H}}{}^0}\right) \tag{1.128}$$

と書け，これを濃度過電圧と呼ぶ．R/O レドックス対に対して可逆電位を示す 2 本の参照電極を電極面 H とバルクにおけば，原理上 η_{conc} を実測可能だが，電流をさえぎらない微小参照電極を古典的技術で電極面 H にセットするのは難しい．

2

電　池

　電池は携帯電話，ノート型パソコン，ビデオカメラ，自動車，時計，その他数え切れないほど広い分野で使われており，もしも電池がなくなれば，たちまちこの文明社会は機能しなくなってしまうであろう．電池は太陽電池のように物理現象に基づく電池と化学反応に基づく化学電池に分けられる．この章では後者の化学電池について学ぶ．化学電池は一次電池，二次電池，燃料電池に分けられる．

　一次電池は使い切りの電池，二次電池は容量がなくなると充電することにより再使用できる電池で，いずれもわれわれの生活になくてはならない必需品となっている．化学電池（以後単に電池と呼ぶ）を反応物質（活物質）の種類で分類すると，わが国では10種類ほどの電池が流布しており（表2.1），世界で最も研究・技術レベルが高く，多種類の電池を使用している国でもある．それらの具体的内容については後述する．

　燃料電池は，外部から反応物質である水素と酸素をあたかも燃料のように連続的に供給して発電する一種の直流発電機ともいえよう．反応生成物が水であり，環境汚染防止の観点からクリーンエネルギーとして大きな期待が寄せられており，実用化に向けて活発な研究開発が続けられている．

2.1　電池の始まり

2.1.1　バグダッド電池（ホーヤット・ラップア電池）[1]

　イラク博物館のドイツ人考古学者，W. König が，1932年，イラク東方のホーヤット・ラップア（Khujut Rapu'a）と呼ばれる小さな丘にある古代ペルシャの遺跡（パルチアン時代，BC 1 C～AD 1 C）から，小さな花瓶状のつぼを発掘した（図2.1）．このつぼには，およそ10 cmの薄い銅製の円筒が封入されており，

表 2.1 実用電池の種類と用途

	名称	代表的な形式	公称電圧(V)	活物質 正極	活物質 負極	電解液(質)	特徴	用途例
一次電池	マンガン乾電池	円筒形など	1.5	二酸化マンガン	亜鉛	主に塩化亜鉛	安価, 間欠放電	懐中電灯, 掛け時計, 置き時計, 玩具, 携帯ラジオ
	アルカリ乾電池	円筒形など	1.5	二酸化マンガン	亜鉛	水酸化カリウム	大電流, 連続放電	モータ用, 玩具, ヘッドホンステレオ
	アルカリボタン電池	ボタン形	1.5	二酸化マンガン	亜鉛	水酸化カリウム	弱電流, 安価	カメラ, 電卓
	酸化銀電池	ボタン形	1.55	酸化銀	亜鉛	水酸化カリウム	弱電流, 電圧安定	カメラ, クオーツ時計
	空気電池	ボタン形	1.2~1.3	酸素	亜鉛	水酸化カリウム	容量が大きい	補聴器, ポケットベル
	リチウム電池	コイン形など コイン形など 円筒形	3 3 3.6	二酸化マンガン** フッ化黒鉛* 塩化チオニル	リチウム リチウム リチウム	リチウム塩** リチウム塩** 塩化チオニル	弱電流, 電圧安定, 長期保存可能	カメラ, 電卓, 時計, メモリバックアップ, ICカード メモリバックアップ
二次電池	鉛二次電池	角形	2	酸化鉛	鉛	硫酸	安価, 高信頼性	自動車, 無停電電源, フォークリフト, ゴルフカート
	ニッケル・カドミウム二次電池	角形 円筒形	1.2	オキシ水酸化ニッケル	カドミウム	水酸化カリウム水溶液	大電流特性, 低温特性, 比較的安価	メモリバックアップ, 非常灯, 玩具, 工具, 電車, 無停電電源
	ニッケル・水素二次電池	角形 円筒形	1.2	オキシ水酸化ニッケル	水素(水素吸蔵合金)	水酸化カリウム水溶液	大電流特性, 低温特性, 低公害性	ノート型パソコン, 携帯電話, ヘッドホンステレオ, ハイブリッド車
	リチウムイオン二次電池	角形 円筒形 シート形	3.6	コバルト酸リチウム	リチウムイオン(カーボン)	リチウム塩**	高エネルギー密度, 高電圧, 低公害性, 低自己放電性	ノート型パソコン, 携帯電話, ビデオカメラ

* 円筒形(スパイラル構造)は大電流充放電可能。
** 有機溶媒に加えて使用。

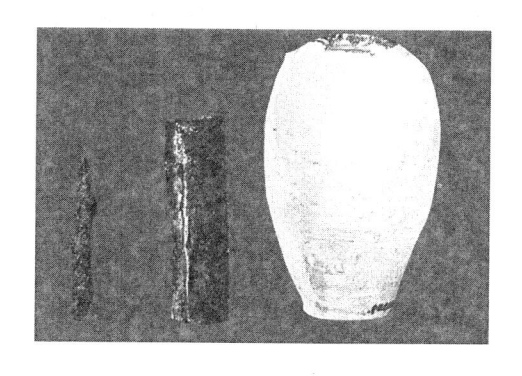

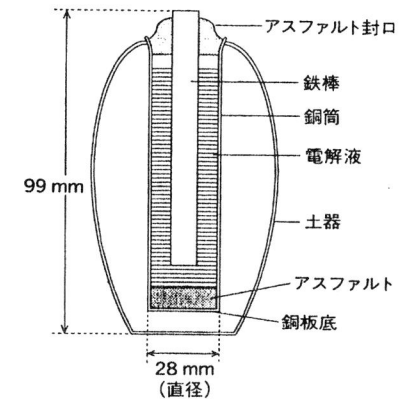

図 2.1 バグダッド電池（ホーヤット・ラップア電池）（文献[1]を一部改変）

液漏れがないように円筒のつなぎ目は鉛-スズ合金で封じられていた．円筒上部のアスファルトを貫いて鉄棒が挿入されており，電解液には何を用いたか定かでないが，金，銀めっきをするために用いられた電池ではないかと考えられている．また，同様のつぼや銅筒，鉄棒がいくつも発見されたという．アメリカの技師がこのつぼの複製品をつくり，硫酸銅の溶液を筒内に満たして，豆電球をつないだところ，光がともったという．鉄と銅の組み合わせであるから，起電力は0.8 V ぐらいしか得られないはずであり，もし，これを金めっきや銀めっきの電源として用いたとすれば，直列につないで使用したことであろう．この電池はバグダッド電池，またはホーヤット・ラップア電池と呼ばれている．今日でもバグダッドでは，金物細工師が起源のはっきりしない電池を用いめっき浴を用いているという．

2.1.2 ボルタの電池以降の歴史

今日の電池に連なっている，起源のはっきりした最初の電池は，1800 年，イタリーの A. Volta によって発明された電池であろう．食塩水で濡らした草や紙や革を使い，これをサンドイッチのように 2 種類の金属ではさみ，何層にも積み重ねて発電させたことからボルタの電堆（pile：同種同形のものを積み重ねたもの）といわれている．この電堆を用い，水の電気分解や金属カリウムの単離が行われた．1834 年にはファラデーの法則が見出された．1836 年，J. F. Daniel がボ

ルタの電池を改良して，多孔質の隔壁を用いることにより，硫酸銅溶液と希硫酸がすぐには混じらないようにし，より長時間放電が可能な電池とした．電池から得られる安定した直流電流によって，電磁誘導現象が発見され，発電機の発明(1840)へと連なっている．今日の電気エネルギーに支えられた高度情報化社会もボルタの電池に端を発しているといっても過言ではない．その後，1866年，G. Leclanché が二酸化マンガンを正極に，亜鉛を負極，電解液に塩化アンモニウム溶液を用いた電池をつくった．これが，今日のマンガン乾電池のはじまりである．さらに 1888 年，C. Gassner や Hellesens はルクランシェ電池を改良して，携帯に便利な構造の電池をつくった．わが国でも，1885（明治 18）年，屋井先蔵がルクランシェ電池を改良して乾電池をつくり，屋井乾電池合資会社を設立した．この乾電池は故障が多く，最大の難関は正極から電解液がしみ出ることによる金属の腐食であったが，1889 年，正極の炭素棒をパラフィンで煮ることを思いつき，一応の完成をみた．

マンガン乾電池の発明者—屋井先蔵

　屋井先蔵は明治維新の 5 年前，越後長岡藩士の家に生まれた．11 歳のときに没落した家名を上げようと上京し時計屋の丁稚になったが新潟なまりを笑われたり，小さな不手際で食事を抜かれたりと苦労した．寝小便も続いたという．わらを入れた箱に寝ながら，彼は発明家を夢見，発明に情熱を燃やし，多数の時計の時刻を電気で制御する装置の特許をとった．電流によって，100 個，200 個の時計が同一時刻を示すようにすれば，鉄道の車両衝突の危険は防げるし，時計の正確さを尊ぶ郵便局などでも大いに役立つと見込んだのだろう．この「連続時計」の発明は 1891 年に専売特許を認められ，わが国の電気に関する特許第 1 号である．しかし，この時計の電源は湿式電池で，維持がわずらわしく，冬には凍結の恐れもあり，売れなかった．こうした体験が携帯に便利な乾電池の発明へと向かわせたのだろう．1885 年に特許をとっていれば，乾電池発明の名誉は彼のものになっていたであろうが，すぐに特許をとらなかったのは，一説に貧乏で特許の申請料にも事欠いていたためという．職人気質ゆえ，もっと改良してから，特許を申請しようと考えたのかもしれない．事実，当初の電池は欠陥が多く，故障が続出した．最大の難関は正極に薬品がしみ出し，金具を腐食することだった．1889 年，偶然，正極の炭素棒をパラフィンで煮ることを思いつき，ここに乾電池は一応の完成をみた．（文献[2]および新潟日報，2002.8.9 付けによる）

一方,充電することによって繰り返し使用可能な二次電池は,G. Planté が 1860 年鉛電池を,Edison(1901)と Jungner(1902)がそれぞれ酸化ニッケル・鉄,酸化ニッケル・カドミウム電池を発明している.また,現在,最も注目されている燃料電池も,その原理はすでに 1839 年 W. Grove によって示されていたが,実用化は 1960 年代のジェミニやアポロ計画における人工衛星電源として使用されるまで待たなければならなかった.

2.2 電池の構成,エネルギー密度と容量密度

電池反応は必ず 2 つの半反応,すなわち負極で進行する酸化反応と正極で進行する還元反応の組み合わせからなる酸化還元反応である.半反応 1 と半反応 2 を次のように表して n_1 と n_2 の最小公倍数を用いて電子(e^-)を含まない反応式をつくれば,これが電池反応式(2.3)である.

$$O_1 + n_1 e^- = R_1 \tag{2.1}$$

$$O_2 + n_2 e^- = R_2 \tag{2.2}$$

$$n_2 \times 式(2.1) - n_1 \times 式(2.2):n_2 O_1 + n_1 R_2 = n_2 R_1 + n_1 O_2 \tag{2.3}$$

ここに,O,R は酸化体,還元体を表す.反応に関わる電子数は $n = n_1 \times n_2$ で与えられ,式(2.3)の電池反応に対する電池の起電力 U は式(2.1),(2.2)の平衡電位の差,$U = E_1^e - E_2^e$ で与えられる.また,E_1^e,E_2^e は次式で与えられる.

$$E_1^e = E_1^\circ - (RT/nF)\ln(a_{R_1}/a_{O_1}) \tag{2.4}$$

$$E_2^e = E_1^\circ - (RT/nF)\ln(a_{R_2}/a_{O_2}) \tag{2.5}$$

ただし,E_1°,E_2° は式(2.1),(2.2)の標準酸化還元電位,a_O は酸化体,a_R は還元体の活量である.電池には固有の表記法があり,左極を負極にするのが約束である.電池の起電力 U は必ず正であるから,上記では $E_1^e > E_2^e$ であり,したがって,還元反応式(2.1)が正極で,式(2.2)の逆反応である酸化反応($R_2 = O_2 + n_2 e^-$)が負極で進行し,電池表記は以下のようになる.O_1,R_2 はそれぞれ,正極活物質,負極活物質と呼ばれる.

$$(-)M_2|O_2(a_{O_2}), R_2(a_{R_2}) \vdots O_1(a_{O_1}), R_1(a_{R_1})|M_1(+)$$

M_1,M_2 は出力端子(集電体)で,$\vdots$ はセパレータ部(液-液接触界面)を示す.以上をダニエル電池に当てはめてみよう.ダニエル電池の電池反応は

$$Cu^{2+} + Zn = Cu + Zn^{2+} \tag{2.6}$$

半反応と電極電位は

$$Cu^{2+} + 2e^- = Cu \quad E^e{}_{(Cu^{2+}/Cu)} = 0.337 - (RT/2F)\ln a_{Cu^{2+}} \tag{2.7}$$

$$Zn^{2+} + 2e^- = Zn \quad E^e{}_{(Zn^{2+}/Zn)} = -0.763 - (RT/2F)\ln a_{Zn^{2+}} \tag{2.8}$$

式 (2.6)−式 (2.7) より，電池反応は

$$Cu^{2+} + Zn = Cu + Zn^{2+}, \quad U = E^e{}_{(Cu^{2+}/Cu)} - E^e{}_{(Zn^{2+}/Zn)} = 1.11\,\text{V} \tag{2.9}$$

ただし，それぞれの活量は等しいとした（$a_{Cu^{2+}} = a_{Zn^{2+}}$）．$E°_{(Cu^{2+}/Cu)}$ (0.337 V) $> E°_{(Zn^{2+}/Zn)}$ (−0.763 V) であるから，半反応はそれぞれ以下のようである．

$$\text{正極}：Cu^{2+} + 2e^- = Cu \tag{2.10}$$

$$\text{負極}：Zn = Zn^{2+} + 2e^- \tag{2.11}$$

また，電池表記は下記のようになる．

$$(-)Zn\,|\,Zn^{2+}\,\vdots\,Cu^{2+}\,|\,Cu(+)$$

電池は，活物質の反応に伴うギブズ自由エネルギー変化（ΔG）を直接電気エネルギーに変換する装置であり，電池反応の最大エネルギーと次式の関係がある．

$$\Delta G = -nFU \tag{2.12}$$

このように，化学電池には物理電池のように半永久的に使える電池は存在せず，その電池系特有のエネルギー密度が存在する．$F = 96485\,\text{C}\cdot\text{mol}^{-1} = (96485\text{C}/3600\text{s})\text{h} = 26.8\,\text{Ah}\cdot\text{mol}^{-1}$ とおいて，$nFU = 26.8 \times n \times U$ を Wh (Watt hour) の単位で表す．これを注目する電池反応に関与する反応物質（活物質）の式量（単体の場合は原子量）の和で割ったものを理論質量（重量）エネルギー密度（Wh·g^{-1}, Wh·kg^{-1}）といい，体積量で割ったものを体積エネルギー密度（Wh·cm^{-3}, Wh·dm^{-3}）という．電池反応に水が関与する場合，水の質量は考慮しないのが通例である．理論質量エネルギー密度は反応電子数と起電力が大きいほど，かつ活物質の式量（または密度）の小さいほど大きくなる．具体的に理論質量エネルギー密度を計算してみよう．通常，簡単のために U の代わりに酸化還元系の標準電位を用いて $U°$ を計算し，この値を用いてエネルギー密度を計算する．たとえば，後述する鉛蓄電池の $U°$ は 2.077 V であり，反応に関与する電子数 n は 2 である．活物質 Pb の原子量は 207.2，PbO$_2$ の式量は 239.2 であるから，エネルギー密度は $26.8 \times 2 \times 2.077 \div (207.2 + 239.2) = 0.245\,\text{Wh}\cdot\text{g}^{-1} = 245\,\text{Wh}\cdot\text{kg}^{-1}$ となる．ただし，硫酸の質量は無視した．表 2.2 に主な電池系の理論質量エネルギー密度を示した．この値には，電池構成材料である容器，電解液，セパレータ，集電体等の質量が含まれておらず，また活物質の利用効率も

表 2.2 代表的な電池系の起電力と理論質量エネルギー密度[3)]

電池システム		電圧 (V)	理論質量エネルギー密度	
			(Wh·kg^{-1})	(Wh·L^{-1})
一次電池	マンガン乾電池	1.50	180	510
	アルカリ乾電池	1.50	290	1010
	酸化銀電池	1.59	270	1440
	二酸化マンガンリチウム電池	3.50	1000	3100
二次電池	鉛二次電池	2.08	170	720
	ニッケル・カドミウム二次電池	1.33	220	820
	ニッケル・水素二次電池	1.33	280	1130
	二酸化コバルト・リチウムイオン二次電池	3.60	530	1570

100％ではないので，実際の電池のエネルギー密度は理論値の数分の1から1/10程度である．電池技術とは，取り出し可能なエネルギーをいかに理論エネルギーに近づけるかということになろう．

また，エネルギー密度とともに電池の重要な特性の1つである容量は通常アンペア・アワー（Ah）で表される．1Ahは1Aの電流を1h流したときの電気量，3600Cに相当する．そして，容量を重量あたり，ならびに体積あたりに換算したものを重量容量密度（Ah·kg^{-1}），および体積容量密度（Ah·dm^{-3}）という．単体の活物質の理論的な容量，および容量密度は，それぞれの活物質の電気化学反応に基づいて計算できる．たとえば後述するマンガン乾電池の場合，正極活物質 MnO_2 1mol（86.95g）あたり1Fの電気量を取り出すことができるので，容量は 96485÷3600＝26.8Ah となり，MnO_2 の質量容量密度は 26.8Ah÷86.95g＝0.308Ah·g^{-1}＝308Ah·kg^{-1} となる．他方，負極活物質の Zn では，1mol（65.4g）あたり，2F取り出せるので，容量は53.8Ahとなり，容量密度は 53.8Ah÷65.4g＝0.820Ah·g^{-1}＝820Ah·kg^{-1} となる．マンガン乾電池では 2mol の MnO_2 と 1mol の Zn が反応するので，その容量密度は 53.8Ah÷(86.95×2+65.4)g＝0.224Ah·g^{-1}＝224Ah·kg^{-1} である．

2.3 実用化されている主な電池

上に述べたように電池は2つの酸化還元反応の組み合わせであるから，理論的には数え切れないほどたくさんの電池系が可能である．しかし，それらが実用化

されるためには，①エネルギー密度が大きい，②大電流放電が可能，③充放電サイクル寿命が長い（二次電池の場合），④自己放電が少なく，保存寿命が長い，⑤安全で，かつ信頼性が高い，⑥毒性のある物質を使用していない，⑦安価でどこでも入手可能，などの条件が必要である．そのため，これらの厳しい条件を同時に満たすことのできる活物質の組み合わせは非常に限られたものになる（表2.1）．次に具体的にいくつかの電池について述べよう．

2.3.1 一次電池

a. マンガン乾電池

1866年，フランスのG. Leclanchéは正極にMnO_2，負極にZnを用い，電解液がこぼれず，持ち運びの容易なようにNH_4Cl水溶液をのこぎりくずなどに混ぜて電解液とした電池を発明した．現在も大量に使用されているマンガン乾電池は，国内市販品では電解質こそほとんど$ZnCl_2$に変わったものの，本質的にはこれと同じシステムで，公称電圧は1.5Vでその電池構成は次のように表される．

$$(-)Zn|ZnCl_2, (NH_4Cl), H_2O|MnO_2|C(+)$$

電池の電極反応は

$$\text{正極：}8MnO_2+8H_2O+8e^- = 8MnOOH+8OH^- \tag{2.13}$$

$$\text{負極：}4Zn+ZnCl_2+8OH^- = ZnCl_2\cdot 4Zn(OH)_2+8e^- \tag{2.14}$$

$$\text{電池：}8MnO_2+4Zn+ZnCl_2+8H_2O = 8MnOOH+ZnCl_2\cdot 4Zn(OH)_2 \tag{2.15}$$

この電池では水も反応物質であり，電池反応が進むにつれて消費され，いわば電池系が乾いた状態になる．このため，NH_4Clが電解質として用いられていた頃，電池を機器内に放置すると頻発した液漏れも$ZnCl_2$に置き換わってから起こらなくなった．また，封口技術の進歩も液漏れ防止に大きく寄与している．ただし，新品と旧品を混用したり，複数個のうち，1個の正負を逆に装填したような場合には，その電池が原因となって，過放電（旧品）や充電（逆装填）が起こり，ガス発生等に連なり，液漏れの起こることがある．外国ではいまだNH_4Clを主電解質とする電池も製造されている．その場合の電極反応は以下のようである．

図2.2 マンガン乾電池の構造

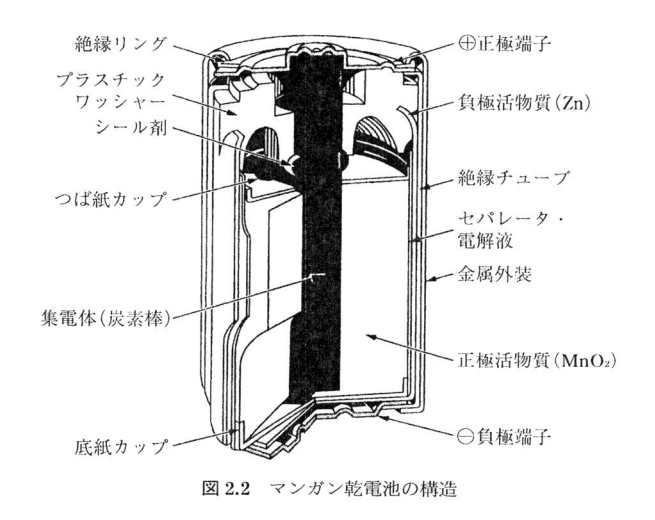

正極：$2MnO_2 + 2H_2O + 2e^- = 2MnOOH + 2OH^-$ (2.16)

負極：$Zn + 2NH_4Cl = Zn(NH_3)_2Cl_2 + 2H^+ + 2e$ (2.17)

電池：$2MnO_2 + Zn + 2NH_4Cl = Zn(NH_3)_2Cl_2 + 2MnOOH$ (2.18)

電池形状は親しまれているR20（単1形）からR1（単5形）までの円筒形と6F22と呼称される9Vの角形に分けられる．かつては測定機器電源として大型の角形電池が存在したが，エレクトロニクス技術の進歩によりなくなった．円筒形（図2.2）では負極物質である金属Zn自身が円筒缶として容器も兼ねている点がマンガン乾電池の今日の発展を促し，位置づけた大きな技術革新といってもよい．Zn缶の内側にはセパレータとしての薄いクラフト紙および缶底には底紙を介在させており（ペーパーラインド方式），クラフト紙には糊剤を塗布してある．このクラフト紙の内側にはMnO_2粉末と導電剤としてのアセチレンブラックの混合物を$ZnCl_2$電解液で練り固めて成形した正極合剤を挿入しており，中央には集電体として炭素棒を打ち込み，上端が正極端子となっている．電池の容量はMnO_2量で定まる．合剤上部にはつば紙を介して，乾燥および漏液防止のためのワックスを流し，Zn缶の開口部はプラスチック製のふたで封口してある．素電池は塩化ビニル製収縮チューブで被覆し，電解液の蒸発および漏液を防ぐ．炭素棒上端にはメタルキャップをはめて，正極端子とし，負極Zn缶の外側の底

に金属製底板を当て負極端子とする．さらに金属製外装で覆って長期間の貯蔵性能，耐漏液性を向上させている．

MnO_2 には，天然二酸化マンガン，合成二酸化マンガン，電解二酸化マンガンがあるが，高性能品には電解二酸化マンガンが用いられ，より安価な製品には種々の割合の混合物が用いられている．負極の Zn 缶は純 Zn では脆いので，少量の Pb を加えて展延性を増大させ，六角板状のペレットとしたのち，加圧して押し出す衝撃法で製造される．Zn の腐食を防ぐため，かつては缶の内壁は Hg によりアマルガム化されていたが，高純度材料と腐食抑制剤の使用により，今では無水銀化が実現している．性能，形状等は JIS 規格で規定されている．

用途としては灯火器具，カセットテープレコーダ，ラジカセ，トランジスタラジオ，玩具，時計，石油ストーブ点火用などで，われわれの生活に深く入り込んでいる．安価で信頼性の高いこの電池は今後も永く愛用されよう．

b. アルカリ・マンガン電池

この電池の正極，負極の活物質はマンガン乾電池と同じであるが，電解液のみ濃厚 KOH 溶液を用いることにより，大電流特性および低温特性を向上させ，大容量化を図った点に特長がある．音響機器をはじめとするマイクロモータ駆動用の大電流用途のニーズに適合しているので，需要が伸びており，最近国内ではマンガン系乾電池生産量の 50％以上を占めている．アルカリマンガン電池の形状はマンガン乾電池と互換性のある円筒形（R 20-R 1 形）と角形（6 LR 61 形），および酸化銀電池と互換性のあるボタン形で，JIS では前二者をアルカリ乾電池，後者をアルカリボタン電池と呼称している．電池構成は以下のように示される．

$$(-)Zn|KOH(ZnO \text{飽和}), H_2O|MnO_2(C)(+)$$

電極反応は

$$\text{正極}: 2MnO_2+2H_2O+2e^- = 2MnOOH+2OH^- \qquad E°=0.12\,V \tag{2.19}$$

$$\text{負極}: Zn+4OH^- = [Zn(OH)_4]^{2-}+2e^- \qquad E°=-1.33\,V \tag{2.20}$$

$$\text{電池}: 2MnO_2+Zn+2H_2O+2OH^- = 2MnOOH+[Zn(OH)_4]^{2-}$$
$$U°=1.45\,V \tag{2.21}$$

2.3 実用化されている主な電池　　　47

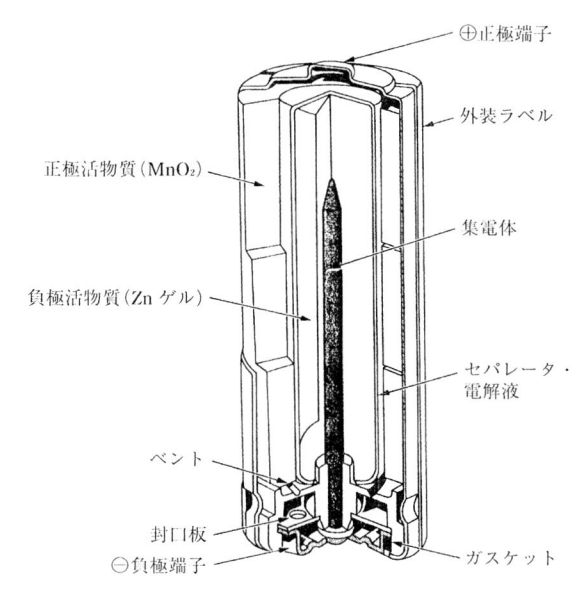

図中ラベル：
⊕正極端子
外装ラベル
正極活物質(MnO₂)
集電体
負極活物質(Znゲル)
セパレータ・電解液
ベント
封口板
ガスケット
⊖負極端子

図 2.3　アルカリ乾電池の構造

ここで注意しなければならないのは，式 (2.20) の $E°$ は還元反応，すなわち反応式で電子を左側に書いた場合（一般式：$O + ne^- = R$）に対応する値であることである．以降の電池の負極の $E°$ についても同様である．

円筒形電池の外形寸法はマンガン乾電池と同一で互換性があるが，大容量で大電流を取り出すための工夫の結果，その内部構造はかなり異なっている（図2.3）．内外面とも Ni めっきした鉄製缶に円筒状に成型した正極合剤を内壁に密着させて挿入し，内部空間部にセパレータを兼ねたビニロン，レーヨン製不織布の袋を入れ，これに負極活物質であるゲル状 Zn を充填後，ナイロン，ポリエチレンまたはポリプロピレンなどのプラスチック製の正，負極の絶縁を兼ねた封口板で封口する．電解液のクリープ防止のため封口面にシーラントを塗布する．集電体として黄銅製またはスズめっきした鉄製の釘を封口板の中央から Zn 部に向かって挿入する．このままではマンガン乾電池と正負極が逆なので，封口後上下を逆転し，正極端子をつけ，プラスチック製の外装をすることにより，外観はマンガン乾電池と同様にしている．

Zn の腐食に基づく水素ガスの発生は不純物の影響を敏感に受けるので，正極

作用物質である MnO_2 には高純度の γ 型電解 MnO_2 が使用されている．この MnO_2 に導電剤として高純度黒鉛と電解液およびバインダを加え混練し，正極合剤とする．本電池の特長である大電流特性を可能とするために負極活物質には粉末 Zn（粒度分布 40〜200 メッシュ）を用い，表面積を広くしている．Zn の腐食による水素ガス発生を抑制するために，かつてこの電池には電池質量あたり 1.5% もの水銀が使われていた．使用済み電池の廃棄による水銀汚染防止の観点から，多くの検討がなされた結果，水銀に代わって水素過電圧の大きい Ga，In，Bi などの金属と Zn との合金が用いられるようになり，1991 年世界に先駆け，無水銀化が実現した．電解液には 35% 前後の KOH 水溶液を使用し，これに Zn の腐食による水素発生を抑制するために，飽和近くまで ZnO を溶解している．この溶液に Zn 粒子を分散させ，ゲル化剤（カルボキシメチルセルロース，ポリアクリル酸ナトリウムなど）を加え，ゲル化して Zn 粒子の沈殿を防いでいる．

本電池の特長は，①大電流放電可能，②大容量（マンガン乾電池の 2〜3 倍，図 2.3），③低温特性に優れていること，である．

用途はマンガン乾電池と同様であるが，とくに大電流を必要とするモータ駆動機器に威力を発揮する．ボタン形電池は酸化銀電池に比べ，動作時間は短いものの安価なため，小型時計をはじめとする電子機器に今後も汎用されよう．

c. 空気亜鉛電池

正極活物質に空気中の酸素，負極活物質に金属を用いる電池系を総称して空気電池という．金属として Zn，Al などが用いられている．反応物質として，作動時には，たえず外部から空気を取り入れていることから，燃料電池（2.3.3 項）の 1 種ともいえよう．ここでは空気亜鉛電池について述べる．

空気中の酸素を正極活物質，Zn を負極活物質として用い，電解液としては NH_4Cl，$ZnCl_2$ を用いる弱酸性系電池と KOH を用いるアルカリ系電池がある．後者はさらに注水式の大型電池とボタン形電池に分けられる．流布しているのはボタン形であるので，これについて述べる．このボタン形電池は補聴器用電源として使われていた酸化水銀電池が環境汚染防止の観点から製造中止になったことから，その代替電池として急速に普及するようになった．その電池構成は

$$(-)\ Zn(Hg)\,|\,KOH(ZnO\ 飽和),\ H_2O\,|\,C(触媒),\ O_2\,(-)$$

電極反応は以下のようである．

正極：$O_2 + 2H_2O + 4e^- = 4OH^-$　　　　　　　$E° = 0.401\,\text{V}$　　(2.22)

負極：$2Zn + 8OH^- = 2[Zn(OH)_4]^{2-} + 4e^-$　　$E° = -1.33\,\text{V}$　(2.23)

電池：$O_2 + 2Zn + 2H_2O + 8OH^- = 2[Zn(OH)_4]^{2-}$　　$U° = 1.731\,\text{V}$
(2.24)

電池構造は図 2.4 のようである．容器底に空気取り入れ口が 1～2 個あいており，保存時には空気を通しにくいシールテープで覆われ，使用時にはがす．負極活物質はアルカリ乾電池と同様にゲル状 Zn である．ただし，今のところ無水銀化は困難で，Hg アマルガム化 Zn が使われている．正極活物質充填部がなく，セパレータ下部には空気極（正極）が設けられ，この空気極下部に撥水性の多孔性フッ素樹脂膜が存在し，正極に酸素を送るとともに電解液の流出を防いでいる．拡散層には不織布が用いられ，空気孔から流入した酸素を空気極全体に行きわたらせる役目をする．

この電池のポイントは空気極にあり，Ni ネットに触媒層を圧着し，空気孔に面した側には多孔性フッ素樹脂膜が圧着されている．酸素還元触媒としては Pt が最良であるが，高価なため Mn 酸化物などが活性炭やカーボンブラックと混合して用いられている．このボタン電池の特長は，① あらかじめ正極物質を充填する必要がなく，そのスペースまで負極活物質を充填できるので，エネルギー密度が高い（200～330 mWh·g^{-1}，700～1000 mWh·cm^{-3}），② 放電電圧が 1.2～1.3 V と平坦であること，である．

この電池は開封後，空気中の炭酸ガスの吸収により劣化するので，長期使用が困難であり，短期間で使い切る補聴器やページャ（ポケットベル）用電源などに最適である．

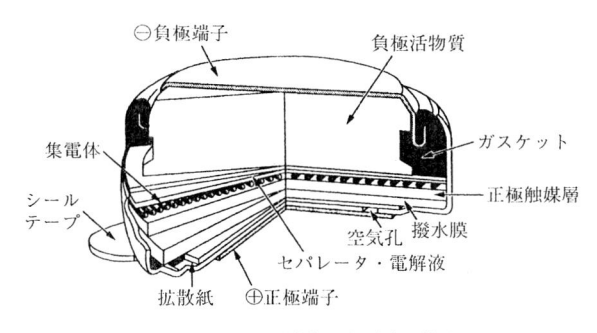

図 2.4　ボタン形空気亜鉛電池の構造

d. リチウム電池

　リチウム電池とは，負極活物質として金属リチウムを，電解液に非水溶媒を使用する電池の総称で，3Vという水溶液系では不可能だった高電圧を実現した．正極活物質にはMnO_2，$(CF)_x$（フッ化黒鉛），$SOCl_2$（塩化チオニル）などをはじめ，さまざまな物質が使用されている．前二者はわが国で発明された．リチウム電池の特長は，

① 作動電圧が3Vと高い．
② エネルギー密度が高い．
③ 作動温度範囲が広い．電池種によっては−55〜+85℃で作動．
④ 自己放電速度が遅く，保存特性に優れる．放電電流が小さい場合には5〜10年作動が可能．
⑤ 耐漏液性に優れる．

　これらの水溶液系電池にない利点を生かし，多くのエレクトロニクス機器に使われている．ここでは，最も生産量の多い二酸化マンガンリチウム電池について述べる．

　正極活物質には高温で脱水処理した電解MnO_2に導電剤として黒鉛，バインダとしてフッ素を加えた合剤を粉末成型したもの，または合剤に粘着剤を加えてスラリー状にして金属製芯体に塗布したものを，電解液にはプロピレンカーボネート（PC）を主体とする有機溶媒に$LiCl_4$を加えて使用する．一般に有機電解液の導電率は水溶液に比べて1〜2桁低いので，電池の抵抗を下げる手段として，コイン形（図2.5），もしくは渦巻き状円筒形（図2.6）として電極間距離を短くしている．セパレータにはポリプロピレンなどの高分子材料からなる不織布，微多孔膜，またはそれらを張り合わせた有機電解液に不溶な二層セパレータが用いられる．電池電圧は3Vで，電池反応は次式で示される．

$$\text{正極：} Li^+ + Mn(IV)O_2 + e^- = Mn(III)O_2(Li^+) \tag{2.25}$$

$$\text{負極：} Li = Li^+ + e^- \tag{2.26}$$

$$\text{電池：} Li + Mn(IV)O_2 = Mn(III)O_2(Li^+) \tag{2.27}$$

　正極ではMnO_2の還元が起こるとともに，負極で金属Liが放電した結果生じたLi^+が電解液中を拡散した後，MnO_2に固相拡散により侵入してくる．コイン形電池の用途はメモリバックアップ用，電卓，カメラ，デジタルウォッチ，体温

2.3 実用化されている主な電池

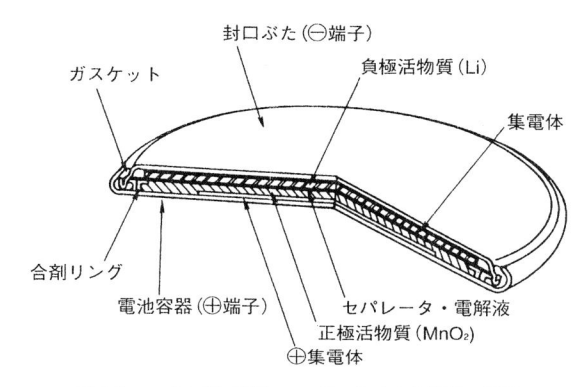

図2.5 コイン形二酸化マンガンリチウム電池の構造

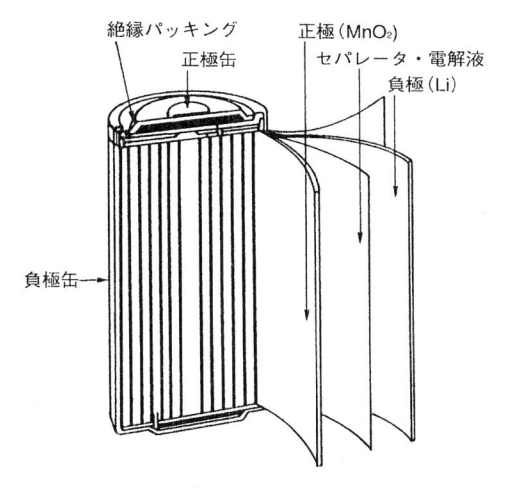

図2.6 円筒形二酸化マンガンリチウム電池の構造

計,薄型ラジオなど,円筒型電池の用途は自動巻き上げカメラ,デジタルカメラ,水道,ガス,電力メータ,通信機器,計測機器,各種メモリバックアップ用などである.

2.3.2 二 次 電 池
a. 鉛 二 次 電 池

鉛蓄電池ともいわれるこの電池は発明後140年後の今も使われており,安価で信頼性の高い電池である.毒性の高い鉛が正,負極活物質として使われている欠

点はあるが，環境汚染防止と資源の有効活用の観点から，早くから回収が呼びかけられ，今では廃電池の回収率は95％を越えている．用途は自動車用が圧倒的に多いが，据え置き型としてビルなどに設置され，無停電電源として目に見えないところで活躍している．電解槽の構造から，開放式と密閉式（図2.7）に分けられる．電池反応は次のようである．

$$正極：PbO_2+4H^++SO_4^{2-}+2e^- \underset{充電}{\overset{放電}{\rightleftarrows}} PbSO_4+2H_2O \qquad E°=1.6852 \text{ V} \tag{2.28}$$

$$負極：Pb+SO_4^{2-} \underset{充電}{\overset{放電}{\rightleftarrows}} PbSO_4+2e^- \qquad E°=-0.3553 \text{ V} \tag{2.29}$$

$$電池：PbO_2+Pb+4H^++2SO_4^{2-} \underset{充電}{\overset{放電}{\rightleftarrows}} 2PbSO_4+2H_2O \qquad U°=2.041 \text{ V} \tag{2.30}$$

この電池の特長は水の分解電圧が1.23 Vであることを考えると起電力が異常に高いという点にあり，理論的には存在しえない電池である．負極活物質であるPbの電位は-0.355 Vであり，水素発生反応（$2H^++2e^-=H_2$，$E°=0$ V）の$E°$より負にあり，次の反応により自己溶解し，水素を発生してもよいはずである．

$$Pb+2H^++SO_4^{2-} = H_2+PbSO_4$$
$$U°=0.355 \text{ V} \tag{2.31}$$

しかし，このような反応は起こりにくく，鉛蓄電池が存在しうるのは，Pbの水素過電圧がきわめて大きいためである．一次電池のところで述べなかったが，Pbの他にZn，Hgが同様の性質をもち，これらの金属上における水素発生反応の速度（交換反応電流密度）はPtのそれに比べ，$1/10^6～1/10^8$ときわめて遅く，そのためPb負極は式(2.31)のような反応により自己溶解することもない．また，正極のPbO_2の電位は式

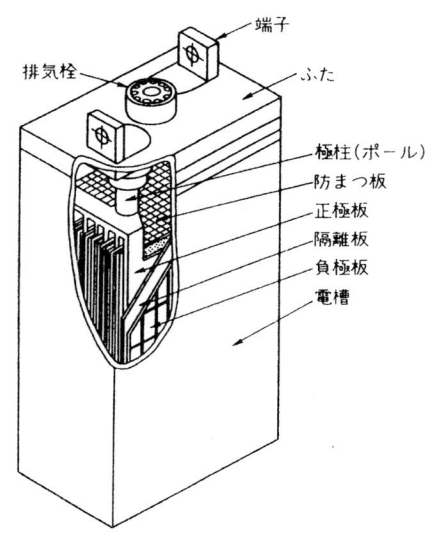

図2.7　シール形鉛蓄電池の概略構造

(2.28) に示すように，1.685 V で酸性溶液中での水の酸化を起こす電位（$O_2+4H^++4e^-=2H_2O$, $U°=1.23$ V）より十分正にあり，強い酸化剤として作用し，理論的には次の反応が起こり，酸素を発生してもよいはずである．

$$2PbO_2+4H^++2SO_4{}^{2-}=2PbSO_4+O_2+2H_2O \qquad U°=0.455 \text{ V} \tag{2.32}$$

しかし，酸性溶液中の PbO_2 は酸素発生の過電圧がとくに大きく，このように貴電位にあっても PbO_2 自身の安定性は保たれており，Pb の H_2 発生過電圧が大きいという双方の効果が加わって，水溶液系電池として異常に高い電圧を保持できるのである．

b. ニッケル・水素二次電池

この電池は，正極にニッケル・カドミウム二次電池と同じニッケル酸化物（NiOOH）を，負極に水素吸蔵合金を，電解液には濃厚アルカリ溶液を用いて，環境への受け入れが容易なようにニッケル・カドミウム二次電池との置き換えを目標にして実用化された．したがって，公称電圧は 1.2 V でニッケル・カドミウム二次電池と同じで互換が容易であり，充放電サイクル寿命が永く，かつ容量は 1.3〜2 倍もある優れた電池である．水素吸蔵合金は熱，水素圧，電位によって，水素の吸蔵・放出が可能な合金で，約 2 質量%もの水素を吸蔵することができる．この電池は，電位を変えることによって水素の吸蔵・放出が可能なことを利用したもので，TiNi 系や $LaNi_5$ 系合金の検討から始まった．合金が水素の吸蔵・放出を繰り返すたびに起こる膨張・収縮のために微粉化する，電解液との接触による合金の腐食などのため充放電サイクル寿命が短いという問題は，Mm$(NiCoMnAl)_5$ 系合金（たとえば $MmNi_{3.8}Co_{0.5}Mn_{0.4}Al_{0.3}$，Mm：ミッシュメタル，希土類元素の混合物）を用いることによって克服され，世界に先駆け，1990 年わが国で実用化された．電池反応は次のように示される．

$$\text{正極：} Ni(OH)_2+OH^- \underset{\text{放電}}{\overset{\text{充電}}{\rightleftharpoons}} NiOOH+H_2O+e^- \tag{2.33}$$

$$\text{負極：} M+H_2O+e^- \underset{\text{放電}}{\overset{\text{充電}}{\rightleftharpoons}} MH_{ab}+OH^- \tag{2.34}$$

$$\text{電池：} Ni(OH)_2+M \underset{\text{放電}}{\overset{\text{充電}}{\rightleftharpoons}} NiOOH+MH_{ab} \tag{2.35}$$

ここで，M は水素吸蔵合金，MH_{ab} は水素が合金に吸蔵された状態を示す．

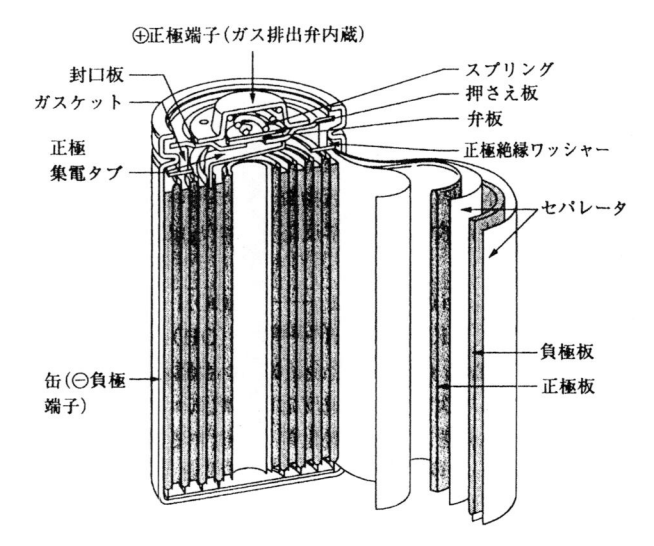

図 2.8 円筒形ニッケル・水素二次電池の構造

このように，電池反応は正極負極間の水素の移動だけであり，電解液の消耗がないので，高信頼性が期待できる．電池形状として，円筒形（図 2.8）と角形が存在し，携帯電話，ステレオヘッドフォンなどに使用されている．注目すべきことは，この電池の単 1 形が組電池化され，ハイブリッド車電源としてガソリン車に搭載され，環境浄化に寄与し始めたことである．

c. リチウムイオン二次電池

金属リチウムを負極活物質として二次電池化できれば，理想的な高エネルギー密度電池となるが，充電時にできる樹枝状リチウムによる内部短絡，電解液とリチウムの反応による充放電効率の低下などにより，いまだ実現していない．このような状況下で，カーボンを負極材料として，リチウムをその結晶中に取り込むことにより，上記の問題を解決し，正極に非晶質五酸化バナジウム（V_2O_5）を用いたコイン形電池が 1989 年に，コバルト酸リチウム（$LiCoO_2$）を用いた円筒形電池が 1991 年にいずれもわが国において実用化された．とくに後者の電池は携帯電話，ノート型パソコン，ビデオカメラなどの電源として，その生産量が急増している．この電池は，充電状態でも負極内でリチウムがイオンとして存在し，充放電に際して，リチウムイオンが正極と負極の間を往復することから，"リチウムイオン二次電池"，あるいは単に "リチウムイオン電池" といわれている．

メモリー効果

　ニッケル・カドミウム二次電池やニッケル・水素二次電池にはメモリー効果といううう奇妙な現象のあることが知られている．これは，電池を完全に放電しきることなく浅い放電と充電とを繰り返していると放電電圧が低下し，本来の容量を取り出せなくなる現象で，当初その原因は負極のカドミウムにあるとされ，負極が水素吸合金に置き換わったニッケル・水素二次電池では起こらなくなるといわれたこともあった．しかし，やはりニッケル・水素二次電池にも現れる（図 2.9）．浅い放電と充電の繰り返しは，結局過充電となることであり，充電により，通常は β-Ni(OH)$_2$ から β-NiOOH に酸化されるべきところ，さらに酸化の進んだ γ-NiOOH（Ni の平均酸化数 =3.7）が生成するためであることがわかってきている．この γ-NiOOH は，β-NiOOH より抵抗が大きく，その標準酸化還元電位も低いため，その生成により放電電圧が低下するわけである．そして，このメモリー効果は強制的に完全に放電しては充電することを数回繰り返すと消滅し，正常状態に復帰する場合が多い．しかし，この電池を使用する機器には，普通，強制放電機能はついていないから，電池が壊れたものとして破棄されることが多い．これを起こらないようにすることが大きな課題である．

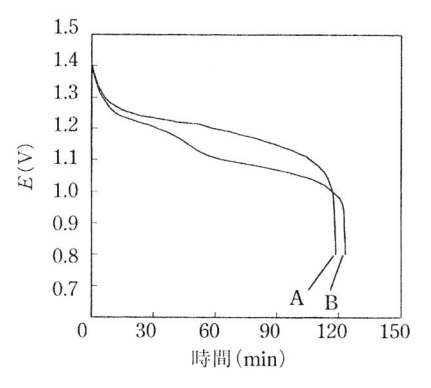

図 2.9 単 4 形ニッケル・水素電池の放電曲線
(250 mA, 30°C)
A：正常電池の放電曲線，B：浅い放電と充電を 300 サイクル実施後の放電曲線．

　この電池の充放電反応は図 2.10 のように示され，充電に際しては，LiCoO$_2$ を形成していたリチウムイオンがコバルト酸化物から抜け出し，電解液中を通ってカーボン内に挿入（インターカレーション）され，放電に際してはその逆反応が，下記のように進行し，平均作動電圧は 3.6～3.7 V と現行電池では最も高い

値を示す．

$$\text{正極：LiCoO}_2 \underset{\text{放電}}{\overset{\text{充電}}{\rightleftarrows}} x\text{Li}^+ + \text{Li}_{1-x}\text{CoO}_2 + xe^- \tag{2.36}$$

$$\text{負極：}x\text{Li}^+ + xe^- + \text{C} \underset{\text{放電}}{\overset{\text{充電}}{\rightleftarrows}} \text{Li}_x\text{C} \tag{2.37}$$

$$\text{電池：LiCoO}_2 + \text{C} \underset{\text{放電}}{\overset{\text{充電}}{\rightleftarrows}} \text{Li}_{1-x}\text{CoO}_2 + \text{Li}_x\text{C} \tag{2.38}$$

コバルトは資源的に量が少なく，価格変動が激しいという欠点があるため，安価でかつ高容量の代替物質が精力的に探索されている．一部でより安価なマンガン酸リチウム（$LiMn_2O_4$）が使用され始めたが，若干容量が少なく，高温になると$LiMn_2O_4$からMnが溶解し，性能が劣化する欠点がある．そのため安価で，高容量の正極活物質が探索されている．

負極材料であるカーボンはその出発物質や炭素化プロセスなどによってさまざまな結晶構造，微細構造をとることが知られており，どのようなカーボンを採用するかによって，その充放電容量，サイクル寿命が大きく変化する．結晶化度の高い黒鉛は炭素原子が六角網平面状に結合した層が積層した構造を示しており，リチウムイオンはその層間に取り込まれて層間化合物を形成する．炭素6個に対してリチウム1個が配位した状態のとき，最も吸蔵量が多くなり，$372\ \text{mAh}\cdot\text{g}^{-1}$

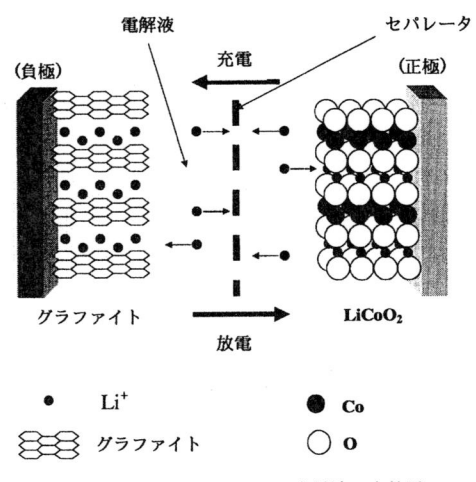

図2.10 リチウムイオン二次電池の充放電

2.3 実用化されている主な電池

という理論容量となる．これを上回る可能性のある非晶質炭素や結晶構造の異なる炭素の探索研究が活発に行われている．炭素材料より，数倍高容量が期待できるスズ，シリコンなどを負極活物質に用いる研究が活発に続けられている．

電解液には，たとえば，6フッ化リン酸リチウム($LiPF_6$) を溶解したエチレンカーボネート(EC)とジエチルカーボネート(DEC)の混合溶媒が用いられている．大型化されたときのいっそうの安全性を求め，難燃性溶媒の合成研究も行われている．

電池構造例を図2.11に示す．正極および負極材料粉体を溶剤やバインダ（ポリフッ化ビニリデンなど），必要に応じ導電剤を加えてペースト状にしたものを前者はアルミニウム箔に，後者は銅箔に塗布した後，セパレータ（ポリエチレンの微孔性フィルム）を介して三者を渦巻き状に巻くことによって円筒状とし，電解液とともに電池容器に封入されている．また，楕円状に巻いたものを角形容器に充填した電池も生産されている．この電池は電圧が4.5 Vを超えると電解液の分解が起こる可能性があり，ガス発生により電池内圧が上昇し危険である．そこで，充電器の故障，誤用による過充電，過放電，あるいは組電池におけるバランスの崩れで容量の少なくなった不良電池に過充電，過放電がなされた場合も破裂しないように，安全機構が組み込まれている．ユーザーの要求に合わせて製造されるので電池寸法はさまざまである．容量700〜1650 mAhの数種類の円筒形電池（直径14.8〜18.8 mm，高さ50〜65 mm）と容量500〜1600 mAhの角形電池（厚さ5.4〜14.8 mm，幅28.7〜34.2 mm，高さ47.1〜67.9 mm）が製造されている．最近は，ゲル状ポリマー電解質を使用する薄型電池（厚さ4 mm以下）も量産されており，携帯電話やノート型パソコンに搭載されている．放電曲線の形状には，放電につれ電圧がなだらかに低下していくタイプと，平坦なまま進行し，放電末期で急に低下するタイプがあ

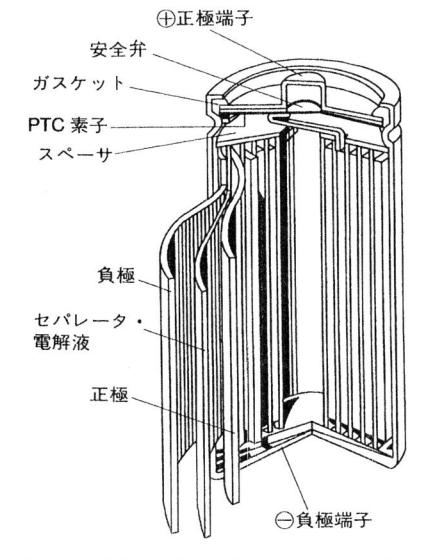

図2.11 円筒形リチウムイオン二次電池の構造

るが，これは負極材料である炭素の種類に依存する．

ハイブリッド車，電気自動車用，あるいは据え置き型電源としての大型リチウムイオン電池の開発研究も行われている．

2.3.3 燃料電池

火力発電所や自動車での化石燃料の大量消費により放出される二酸化炭素，あるいは硫黄酸化物や窒素酸化物による地球規模の環境汚染が深刻な問題となっている．わが国では，電力と運輸の両部門で放出される二酸化炭素量が全体の50％を占めており，低公害の新しい発電装置や輸送用動力源の早急な実現が強く望まれている．このような観点から，最も期待されているエネルギー源の1つが燃料電池である．図2.12により，その原理を説明すると，左側から燃料の水素を，右側から空気（酸素）を入れてやると，それぞれ電極に付与された触媒の作用で次の反応が進行し，負極から放出された電子は外部回路（負荷）を通って，正極に流れる．この間で電球を点灯したり，電子機器を作動させたりするわけである．

$$\text{正極}: \frac{1}{2}O_2 + 2H^+ + 2e^- \longrightarrow H_2O \qquad E°=1.229\ \text{V} \qquad (2.39)$$

$$\text{負極}: H_2 \longrightarrow 2H^+ + 2e^- \qquad E°=0\ \text{V} \qquad (2.40)$$

$$\text{電池}: H_2 + \frac{1}{2}O_2 = H_2O \qquad U°=1.229\ \text{V} \qquad (2.41)$$

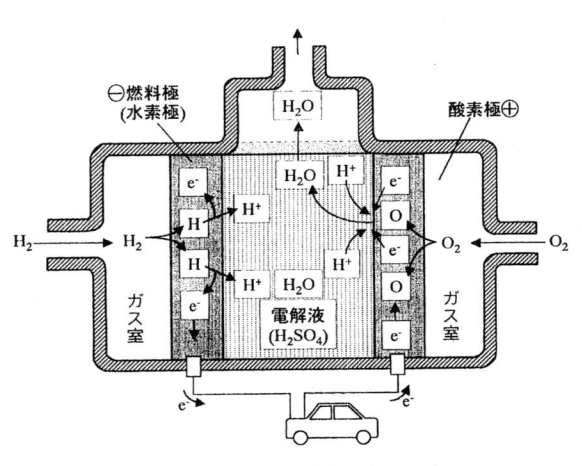

図 2.12　燃料電池の原理

全体として，水素が燃焼して水ができる反応であり，水素（燃料）が供給されている間は発電が持続する．充電ができないことから，一次電池の1種でもある．実際の起電力は燃料の種類によって若干異なるが，たかだか1V程度であるから，大電圧を得るためには，単セルを数百セル積層する．

ここで燃料電池のエネルギー変換効率について考える．すでに述べたように，電池は熱機関を用いず反応物質の化学エネルギーを直接電気エネルギーに変換するシステムであるから，原理的には，$\Delta G°$をすべて電気エネルギーに変換できる．一方，物質の燃焼によって得られるエネルギー，$\Delta H°$（エンタルピー変化）は$\Delta G°$との間に次の関係がある．

$$\Delta G° = \Delta H° - T\Delta S° \tag{2.42}$$

ここに，Tは絶対温度，$\Delta S°$はエントロピー変化である．最大エネルギー変換効率εは

$$\varepsilon = \Delta G°/\Delta H° = (\Delta H° - T\Delta S°)\Delta H° \tag{2.43}$$

で示され，$T\Delta S°$のみが変換時における損失分となる．燃料電池を25°Cで作動させるとすると式（2.41）に対する$\Delta H°$と$\Delta G°$の値はそれぞれ$-285.8\,\mathrm{kJ \cdot mol^{-1}}$，$-237.1\,\mathrm{kJ \cdot mol^{-1}}$（$H_2O$が液体の場合）なので，$\varepsilon$は83%もの高効率となる．

燃料電池は電解質の種類によって分類され，いくつかの燃料電池類が存在する．

a. 固体高分子電解質型燃料電池

電気自動車駆動用電源として最も注目されているのが，小型軽量で高効率・高出力密度が期待できる高分子電解質型燃料電池（polymer electrolyte fuel cell，PEFC）である．最近，世界の主要自動車メーカーが一斉に開発に着手したため，産業界全体を巻き込んだ開発競争が全世界的に始まっている．この電池は，水素イオンのみを透過するフッ素系イオン交換性高分子膜を電解質に用い，60〜100°Cの比較的低温で作動する．反応式は式（2.39）〜（2.41）である．自動車用のPEFCの性能としては，$0.7\,\mathrm{A \cdot cm^{-2}}$で単セル電圧0.7〜0.8Vが目標であり，これを200〜300セル積層し，スタックとする．水素を高圧タンク，水素吸蔵合金や液体水素タンクに貯蔵して用いる方式とメタノールなどの液体燃料を車上で水素に改質して供給する方式が検討されている．前者では，かなり高性能化が進んでいるが，コスト，水素充填スタンドのインフラ整備や走行可能距離などの点で実用的に問題がある．後者は，ガソリン車並みの利便性を有するが，改質

器の小型化，メタノールなどの燃料の分解時に発生する CO を ppm レベルまで除去すること，始動時間の短縮などの解決が必要である．Pt は優れた負極触媒であるが，わずか数 ppm の CO が混在すると失活し，電圧低下が生じる．現在は，Pt-Ru 合金により 100 ppm 程度の CO が許容されるようになったが，より安価な耐 CO 被毒触媒の開発が待たれる．正極触媒は Pt が主流で発電効率は 50％以上の高効率を実現しているが，新触媒の発見によるさらなる大幅効率向上や Pt 使用量低減の余地がある．わが国では 2002 年末，世界に先駆け国産の燃料電池車が実用化された．ただし，価格はいまだ非常に高く，寿命をはじめ，解決すべき点は多いが，これらが克服され，安価な燃料電池車の普及が待たれる．さらに，燃料電池の改善もさることながら，安価な水素製造技術の開発が必要である．将来的には太陽光発電や風力発電で発電した電力で，水の電気分解を行い，得られた水素ガスで燃料電池を作動させる時代が来ると思われる．また，電力の得られる給湯システムとして都市ガスや LPG を燃料とする家庭用燃料電池の開発も進められている．

b. アルカリ型燃料電池

電解液に KOH 水溶液を用い，100℃以下の低温で作動させる．純水素，純酸素を用いる高エネルギー密度電源として，アメリカのアポロ宇宙船(1968～1972)の電源に採用され，実用化された．電解液が二酸化炭素により劣化するので，一般商用電源としては二酸化炭素を多量に含むガス，たとえば天然ガスなどの化石燃料を水蒸気改質した粗製水素をそのまま燃料に用いる発電システムには不適であり，燃料として純水素と純酸素ができる特殊用途に限られている．電池反応は

$$正極：\frac{1}{2}O_2 + H_2O + 2e^- = 2OH^- \quad E°=0.401\ V \quad (2.44)$$

$$負極：H_2 + 2OH^- = 2H_2O + 2e^- \quad E°=-0.828\ V \quad (2.45)$$

$$電池：H_2 + \frac{1}{2}O_2 = H_2O \quad U°=1.229\ V \quad (2.46)$$

c. リン酸型燃料電池

高濃度のリン酸水溶液を電解液として用い，正極には天然ガスやメタノールを改質することによって得られる水素を，負極には空気を用い，約 200℃で発電を行う．燃料を脱硫後改質器で次の反応により，水素が主成分のガスに改質する．

$$CH_4 + H_2O = CO + 3H_2 \quad (2.47)$$

$$CH_3OH + CO = CO + 2H_2 \tag{2.48}$$

このとき生成するCOは電極の触媒を被毒するので,変成器で次の反応によりCO₂に変換する.

$$CO + H_2O = CO_2 + H_2 \tag{2.49}$$

出力電圧は1セルあたり0.6～0.8Vと低いので,直列に数百セルを積層して運転され(図2.13),実用化が始まった.発電によるエネルギー変換効率は40%程度であるが,燃料の改質時に発生する熱も暖房や給湯に利用すると全エネルギー変換効率は50～80%に達する.

d. 溶融炭酸塩型燃料電池

次世代の電池として開発が進められているこの電池は,電解としてLi_2CO_3,K_2CO_3の共晶塩を用い,650°Cの溶融状態で作動する.この流体を安定化するために,$\gamma\text{-}LiAlO_2$が混合されている.その反応は

$$正極:CO_2 + \frac{1}{2}O_2 + 2e^- = CO_3^{2-} \tag{2.50}$$

$$負極:H_2 + CO_3^{2-} = H_2O + CO_2 + 2e^- \tag{2.51}$$

$$電池:H_2 + \frac{1}{2}O_2 = H_2O \tag{2.52}$$

通常の燃料電池のようにプロトンの移動ではなく,CO_3^{2-}が移動するのであるが,全反応は同じである.この電池と後述の固体酸化物型燃料電池はリン酸型燃料電池より高効率が期待されている.それは,高温作動のため酸素還元反応の過電圧がより小さくなり,出力時の電圧を高く保持できるためである.溶融炭酸塩

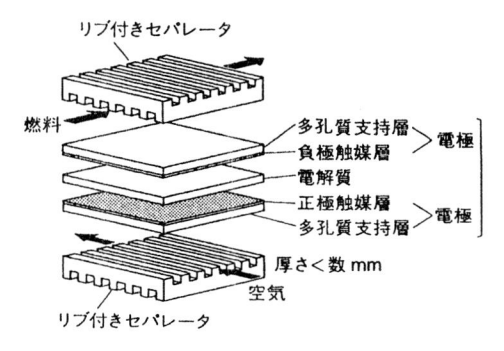

図2.13 リン酸型燃料電池の単セルの構成
これを数百セル積層する.

型では単セルあたり，150 mA·cm^{-2}，0.8 V 以上を目標としている．

e. 固体酸化物型燃料電池

この電池は酸化物イオン（O^{2-}）伝導性固体電解質を用い，1000℃付近で作動させる．電解質としては，安定化ジルコニアが主流で，ZrO_2 にカルシアやイットリアなどを添加して焼成した焼結体が用いられる．電池反応は

$$\text{正極}：\frac{1}{2}O_2 + 2e^- = O^{2-} \tag{2.53}$$

$$\text{負極}：O^{2-} + H_2 = H_2O + 2e^- \tag{2.54}$$

$$\text{電池}：\frac{1}{2}O_2 + H_2 = H_2O \tag{2.55}$$

電極材料として，高い電子伝導性をもつ必要があり，正極には高温酸化雰囲気で安定な物質，負極には水素および還元性雰囲気に強い材料を用いる必要がある．前者に試用されているのは $LaCoO_3$ や $LaMnO_3$ を主体としたペロブスカイト型酸化物，後者には多孔性ニッケルまたはニッケル-安定化ジルコニアサーメットの使用が考えられているが，これは正極材料に比べて技術的問題が少ないためである．いずれも，電池の昇降温時に固体電解質と電極界面に剝離が起こるのを防ぐため，固体電解質と同程度の熱膨張率を有している必要がある．固体酸化物型燃料電池では，小型化および低温化の開発が活発に行われている．

以上，代表的な一次，二次および燃料電池について簡単に述べたが，他にも多くの電池がある．それらの詳細は他の専門書を見て欲しい[4-6]．

3

電　解

　大学入試問題でしばしば食塩水の電気分解が取り上げられる．高校の化学では食塩水の電気分解で H_2，NaOH，Cl_2 が生成すると教えており，これを頭に入れておかないと大学入試で失敗する．工業電解では高度な電解技術を使っているので確かにこの通りであるが，身近にある電極を使って実験してみると陽極から発生するガスにはかなり多くの酸素が混じっていることに驚く．Pt 電極を使い，5％くらいの食塩水の電解では酸素が 50％も生成することがある．塩素は大変危険な物質であるので，中学，高校の化学の授業で演示されることは少ないし，分析するにはそれなりの準備が必要である．したがって，この事実を知る余地もないかも知れないが，理論はどうか，どうしてこうなるのかを知っておくことはとても重要である．

　最近，かなり濃い食塩水を電気分解しても H_2 と O_2 しか発生しない電極が開発されており，これが工業化されることになるとますます複雑になる．食塩水の電気分解では理論的には水の電気分解で H_2 と O_2 が発生して，NaOH はできないというのが正解だが，なぜ Cl_2 が発生し，NaOH も生成するのだろうか．

　硫酸水溶液を電気分解すると理論的には水素と酸素が発生するのが当たり前である．しかし，少し条件を変えて実験するとオゾンや過硫酸を生じる．これもそれほど特別な条件下で行っているわけではない．電解でオゾンや過硫酸をつくる装置はすでに実用化されている．

　電気化学反応で物質が生産されるときにはどの場合にも当てはまることだが，2つのたいへん重要なファクターがあることを知っておかなくてはならない．すなわち，理論ではどうかという，電流を流さないときの値を論じる**平衡論**と，電流を流して実際に物質を生産するときの電極触媒作用，電極反応速度を論じる**速度論**の2つである．高校の化学ではこれを区別して詳しく教えることは難しすぎ

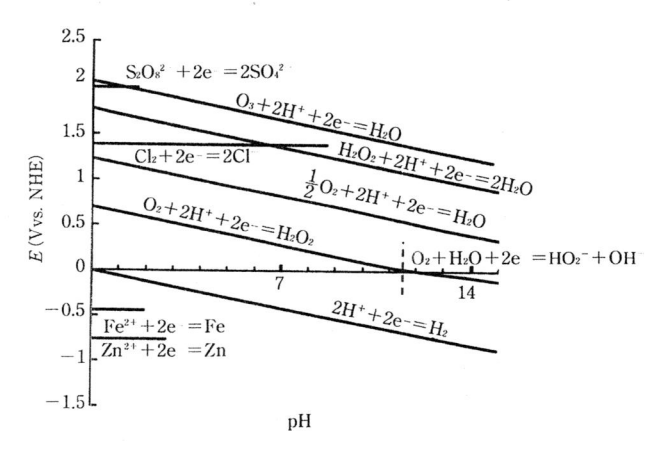

図 3.1 いろいろな物質の酸化還元電位と pH の関係

るので,工業的に行われている事実だけを教えることになる.

図 3.1 に電解に関係した,いろいろな物質の酸化還元電位と pH の関係を示す.図 3.1 では多くの反応が酸性条件下で進むことを示しているが,アルカリ性条件下では H^+ の代わりに H_2O が反応し,OH^- が生成する.E-pH の関係は同じである.

このような背景からこの章では電解科学の基礎事項としてファラデーの法則から導かれる理論電気量,平衡論による電極電位,理論電解電圧,速度論,電極触媒の理論を述べた後,実際に工業電解で生産されている実例を述べる.

3.1 電解科学の基礎事項

3.1.1 理論電気量原単位

一般に n 個の電子が関与する反応で,x mol の物質が生成あるいは消滅する場合の,反応に関与する電気量 Q は次のように表される.

$$Q = nFx \tag{3.1}$$

ここで,

Q:流れた電気量(=電流×時間)

n:反応に関与した電子数

F:ファラデー定数 = 96487 $C \cdot mol^{-1}$

x：生成あるいは消費した物質のモル数

すなわち，電気化学反応では流れる電気量は反応に関与する物質の量に比例し，単位電気量に関係するのは，物質の種類ではなく，反応に関与する電子数と物質の数（モル数）である．これを**ファラデーの（電気分解の）法則**と呼ぶ．

実用的には物質の量は個数ではなく，質量（重量）m で表されることが多い．この場合は物質の原子量，分子量，式量 M と電気量が関係することになる．

$$m = (1/F)(M/n)Q \tag{3.2}$$

単位質量，すなわち $m=1$ のとき，電解に必要な理論電気量を理論電気量原単位 $Q°$ で表すことにすると，式（3.2）から

表 3.1 無機工業電解で生産される物質とその理論電気量原単位

物質名	化学記号	式量(M) ($g \cdot mol^{-1}$)	理論電気量 原単位 ($Q°$) ($kAh \cdot t^{-1}$)	反応 電子数 (n)	主反応式
銀	Ag	107.9	248	1	Ag＝Ag
アルミニウム	Al	27.0	2980	3	$2Al_2O_3 + 3C = 4Al + 3CO_2$
金	Au	197.0	406	3	Au＝Au
カルシウム	Ca	40.1	1338	2	$CaCl_2 = Ca + Cl_2$
塩素	Cl	70.9	756	2	$2NaCl + 2H_2O =$ $2NaOH + Cl_2 + H_2$
クロム	Cr	52.0	1546	3	$2Cr_2(SO_4)_3 + 6H_2O =$ $2Cr + 6H_2SO_4 + 2CrO_3$
銅	Cu	63.5	844	2	Cu＝Cu
フッ素	F_2	38.0	1410	2	$2HF = H_2 + F_2$
鉄	Fe	55.9	960	2	Fe＝Fe
水素	H_2	2.0	26587	2	$2H_2O = 2H_2 + O_2$
リチウム	Li	6.9	3862	1	$2LiCl = 2Li + Cl_2$
マグネシウム	Mg	24.3	2205.5	2	$MgCl_2 = Mg + Cl_2$
二酸化マンガン	MnO_2	86.9	617	2	$MnSO_4 + 2H_2O =$ $MnO_2 + H_2SO_4 + H_2$
ナトリウム	Na	23.0	1186	1	$2NaCl = 2Na + Cl_2$
塩素酸ソーダ	$NaClO_3$	106.5	1510	6	$NaCl + 3H_2O = NaClO_3 + 3H_2$
過塩素酸ソーダ	$NaClO_4$	122.5	438	2	$NaClO_3 + H_2O = NaClO_4 + H_2$
カセイソーダ	NaOH	40.0	670	1	$2NaCl + H_2O =$ $2NaOH + H_2 + Cl_2$
過硫酸アンモン	$(NH_4)_2S_2O_4$	228.2	235	2	$2NH_4HSO_4 = (NH_4)_2S_2O_8 + H_2$
ニッケル	Ni	58.7	913	2	$Ni_2S_3 = 2Ni + 3S$
鉛	Pb	207.2	259	2	Pb＝Pb
亜鉛	Zn	65.4	820	2	$2ZnSO_4 + 2H_2O =$ $2Zn + 2H_2SO_4 + O_2$

$$Q° = (n/M)F \tag{3.3}$$

が得られる．無機工業電解で生産されるいくつかの物質の理論電気量原単位を表 3.1 に示す．

式 (3.3) から明らかなように原子量（式量）の小さな物質の理論電気量原単位は大きく，単位質量あたり，たくさんの電気エネルギーを蓄えていると考えることができる．電池においてはこの原単位が大きいものほど，容量の大きな電池をつくることができる．

3.1.2 理論分解電圧

ファラデーの法則は電気化学反応に関与する化学物質の量と電気量の関係を表しているが，ここでは電解におけるエネルギーの相互変換を取り扱う．

まず，水の分解反応を電解で行うときの必要な電圧を考える．

$$H_2O(l) \longrightarrow H_2(g) + \frac{1}{2}O_2(g) \tag{3.4}$$

水素と酸素の燃焼熱 286 kJ·mol^{-1} を水に与えれば水が分解するだろうと，やかんの水を熱しても水は決して水素と酸素に分解しない．しかし，1.23 V の電圧を加えると水は分解する．1.23 V は水と水素，酸素のもつポテンシャルの違いを示し，このエネルギーは電気エネルギーや仕事でまかなうことができる．実際には過電圧や液抵抗に相当した余計な電圧が必要であるが，熱を加えても起こらない反応をわずかな電圧で可能にするのは電解の大きな特長である．

熱エネルギーをエンタルピー変化（$\Delta H°$），電気や仕事の部分をギブズ関数（$\Delta G°$）で表すことにすると水の反応式 (3.4) は次のように表される．

$$\Delta H° = \Delta G° + T\Delta S° \tag{3.5}$$
$$28623749\ \text{kJ·mol}^{-1}$$

ここで，$\Delta S°$ はエントロピー変化を表し，$T\Delta S°$ はエントロピー変化に伴う熱エネルギーである．$\Delta H°$，$\Delta S°$ は温度に対してあまり大きく変化しないが，$\Delta G°$ は温度の影響を受ける．

$\Delta G°$ は電気エネルギーに等しいが，電気エネルギーは（電気量）×（電圧）で表されるので，

$$\begin{aligned}\Delta G° &= (電気量) \times (電圧) \\ &= (nF) \times (U°)\end{aligned} \tag{3.6}$$

ここで，$U°$ は標準状態における理論分解電圧を示す．n，F は反応に関与した電子数，ファラデー定数を表す．水の電解では 298 K における理論分解電圧は $237000/(2\times96487)=1.23$ V となる．

次に，水の分解，水素-酸素の反応における $\Delta G°$ と温度の関係を図 3.2 に示す．図には $\Delta H°$ と $\Delta G°$ の関係が示されているが，それぞれ熱エネルギー，電気エネルギーと考えると，それぞれが温度とともにどう変化するかがわかる．

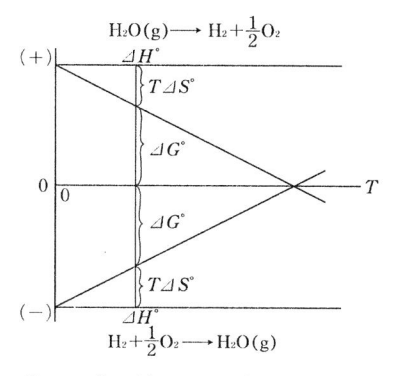

図 3.2 水の分解における熱エネルギーと電気エネルギーの関係

1 気圧のもとでは水は 100°C を超えると蒸気になり，高温域での様子を見るには水を水蒸気（$H_2O(g)$）として取り扱う方がわかりやすい．液体と気体ではエネルギーの値は異なるが，概念としては同じであるので，この図中では水を蒸気（気体）として考えている．

ポイント ─ $\Delta H°$ と $\Delta G°$ の違い ─

水素と酸素が反応して水が生成する際 286 kJ·mol^{-1} の熱が出る．一方，燃料電池で反応させると 237 kJ·mol^{-1} の電気エネルギーが出る．電気の場合は 237 kJ に相当した電気を加えれば水分解が起こるのに，熱の場合は 286 kJ の熱を加えようとしても反応が進まないのはなぜだろう．

$\Delta G°$ は電気などの仕事を表す一方，反応が自発的に進むかどうかの指標をも示している．$\Delta G°=-RT\ln K$ という熱力学の関係式が示すように，水が分解して水素と酸素を生成する反応は $\Delta G°=237$ kJ から $K=10^{-42}$ を与え，とても進みにくい，あるいは進まないことがわかる．それでも $T\Delta S°$ に相当した熱を外部から取り入れているので 10^{-42} 分だけは反応が進むと考えることもできるが，図 3.2 では温度を上げていくにしたがって $T\Delta S°$ の部分が大きくなり，熱を多く吸収するようになるので，$\Delta G°$ は小さくなることを示している．

反応が起これば必ず $\Delta H°$ に相当した反応熱の出入りが生じ，これは温度が変わってもほぼ同じ値をとる．$\Delta G°>0$ のときは，$K<1$ であり，反応は自発的には進まないが，電解で与える電気エネルギーは平衡を $K=1$ まで移動させ，水素，酸素を 1 atm で得ることを可能にする．

これから，高温になるにつれて水を電気分解する際の理論分解電圧が低下することがわかる．一方，燃料電池などで水素と酸素から取り出す理論起電力も低下する．4000 K くらいにまで温度を上げると $\Delta G°$ は 0 になり，わざわざ電解しなくても水は水素と酸素に分解する．逆に考えるとその温度では燃料電池の理論起電力は 0 V である．

3.1.3 電極反応速度

食塩水を電解するとアノードで何が生成するのか．酸素なのか，塩素なのか，どうしてそのような選択が起こるのか．ギブズ関数の計算は理論的な値とはいえ，平衡状態の値を示すわけだから，特別の条件（電極が反応してしまうなど）を除けば，どのような電極でも理論的には同じ値を示す．しかし，電流を流して実際に電解が始まると生成する物質は電極によって異なってくる．これは反応速度に関係して決まるものであり，これを決めるのは電極触媒である．この様子は電流-電位曲線を描いてみれば明らかとなる．

a. 電位-電流の関係

次のような酸化還元反応が電極上で起こっているものとする．

$$\text{Red} = \text{Ox} + ne^- \tag{3.7}$$

還元体 Red が酸化される電流密度を i_A，酸化体 Ox が還元される電流密度を i_C とする．それぞれの電流密度を正の値で表すと，外部から観測できる正味の電流は

$$i = i_A - i_C \tag{3.8}$$

となる．ここでは酸化方向の正味の電流値を正にとることにする．

電極反応が進行すると電位-電流の関係は図 3.3 のように変化する．破線はアノードないしカソードの電流で，われわれが観測できるのは実線で示した曲線である．

i-E 曲線は電流値の小さな部分から大きな部分まで 3 つの領域に分けることができる．① 平衡電位近傍の電流-電位の関係が直線になる領域，② 電流-電位の関係が

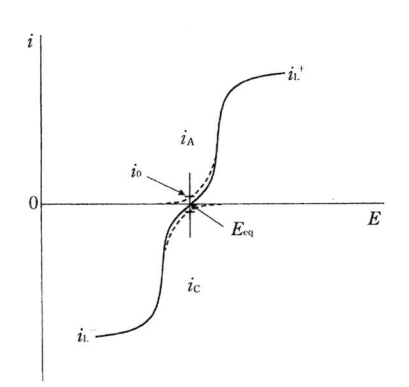

図 3.3 電極反応の電位-電流曲線

非線形になる領域，③ 平衡電位から大きく離れ，電流値が飽和してしまう領域である．

①，② は電極上での電荷移動が律速となる部分で，この領域を解析することで触媒能のもととなる反応速度定数や，反応機構を推定できる．一方，③ の領域からは拡散に関する諸データが求まる．電解で所定の物質を効率よく製造するためにはこれらの条件をうまく取り入れて行うことが重要である．

電極を電解質溶液に浸漬し，照合電極に対する電位を測定すると，必ず何らかの電位が観測される．電流を流しているわけではないので，何も反応が起こっていないように見えるが，正方向，逆方向の反応が同じ速度で起こっており，外部には電流が観測されないのである．このとき

$$i = i_A - i_C = 0 \tag{3.9}$$

となり，観測される電極電位は平衡電位 E_{eq} である．このときのそれぞれの電流を交換電流密度 i_0 で表す．

$$i_A = i_C = i_0 \tag{3.10}$$

i_0 は電極反応速度定数 k や活物質の濃度に関係するが，条件が一定のもとでは定数となり，電解反応を左右する非常に大きな要因となる．

b. 電荷移動律速

反応に関係する物質が電極上に十分存在すると，自然に反応してもよさそうなものであるが，電極反応は化学反応と異なり，反応を引き起こす（電流が流れる）のは電位であり，電位を変化させることによって反応速度，すなわち電流を制御できる．電位と電流（密度）の関係は

$$i = i_0 \exp\{anF(E - E_{eq})/RT\} \tag{3.11}$$

のように電位を変化させることで電流は指数関数的に変化する．$E - E_{eq}$ を過電圧 η で表すと酸化電流 i_A，還元電流 i_C はそれぞれ次のように表される．

$$i_A = i_0 \exp(anF\eta/RT) \tag{3.12}$$

$$i_C = i_0 \exp\{-(1-a)nF\eta/RT\} \tag{3.13}$$

a は活性化状態にある物質の反応の方向性を示す移動係数である．i と η の関係を整理してみよう．

1) ① の領域 まず，流れる電流 i が小さい部分を考えてみよう．式 (3.12)，式 (3.13) の exp の部分は η が（$|\eta| < 25$ mV）であれば線形近似してそれぞれ

$$i_A = i_0(1 + \alpha nF\eta/RT) \tag{3.14}$$

$$i_C = i_0(1 - (1-\alpha)nF\eta/RT) \tag{3.15}$$

と書くことができる．したがって，観測される電流密度 i は

$$i = i_A - i_C = i_0(nF\eta/RT) \tag{3.16}$$

となり，i と η は直線関係となる．この直線の傾き

$$\Delta\eta/\Delta i = RT/nFi_0 \tag{3.17}$$

は反応抵抗とも呼ばれる．これから，i_0 を求め，反応速度定数，電極触媒能を知ることができる．

2) ②の領域　電流密度，過電圧が大きくなり，$|\eta| \gg 120\ \mathrm{mV}$ で，しかも物質移動律速にならない範囲では i_A, i_C のどちらかが支配的となり，②の領域に入る．たとえば，アノードでは $i_A \gg i_C$ になるので，i_A と η だけが観測される非線形の電流-電位曲線が得られる．

$$i = i_A = i_0 \exp(\alpha nF\eta/RT) \tag{3.18}$$

両辺を対数表示にして η について整理すると

$$\eta = -(RT/\alpha nF)\ln i_0 + (RT/\alpha nF)\ln|i| \tag{3.19}$$

定数項をまとめると次式のように η と $\log i$ が直線の関係になる．式 (3.19) では $\ln i$ で示したが，使いやすいように常用対数で表すことが多い．

$$\eta = a + b \log|i| \tag{3.20}$$

式 (3.20) はターフェルの式と呼ばれる．a, b は電流密度に依存しない定数で次のような中身を持っている．

$$a = -\frac{2.303RT}{\alpha nF}\ln i_0 \tag{3.21}$$

$$b = \frac{2.303RT}{\alpha nF} \tag{3.22}$$

a は電極反応速度（電極触媒能）を，また b に含まれる αn は反応に関係した電子数や移動係数といった反応機構に関した情報を含んでいる．

c. 物質移動律速

過電圧が大きくなると電流値は飽和（限界）に近づく．これは電極反応に必要な物質の拡散が追いつかなくなるためで，拡散支配の領域と呼ぶ．このときの拡散電流密度は次のように表される．

3.1 電解科学の基礎事項

$$i = nFD\frac{C° - C}{\delta} \qquad (3.23)$$

ここで D は拡散係数，$C°$ は液本体の濃度，C は電極表面での濃度，δ は拡散層の厚さである．

さらに電流密度を上げると，限界電流密度 i_L に到達する．この領域になると，電極触媒の問題はなくなるので，どの電極でも同じ拡散方程式にしたがって限界電流密度が求まる．

$$i_L = \frac{nFDC°}{\delta} \qquad (3.24)$$

ただし，D，$C°$ はそれぞれの物質によって異なるので生成物の生成割合も違ってくる．

d. 2つ以上の物質が同時に反応する場合の取り扱い

はじめに取り上げたように，食塩水電解のアノードでは理論的には塩素よりも酸素発生の方が起こりやすいのに，実際の工業電解では塩素しか得られない．これは酸素よりも塩素が化学工業では有用な製品であるから，塩素だけを生成する電極を開発した成果である．一方，海水を電解して水素と酸素を得たい場合には酸素だけが発生する電極が要求される．この違いは，式（3.18）の i_0 の大小で制御することが可能である．i_0 は過電圧と密接な関係にあり，i_0 が小さいということは過電圧が大きいということである．塩素を優先的に生成するためには，酸素発生の過電圧が大きく，塩素発生の過電圧が小さいことが重要である．i_0 は電極触媒の性能によるところが非常に大きいが，反応物質の濃度にも関係する．電極上での電位-電流密度の関係（ターフェルプロット）を図3.4に示す．

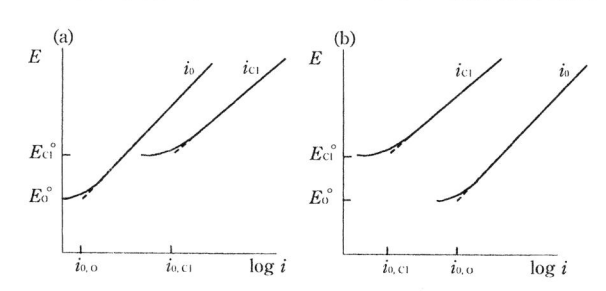

図3.4 食塩水から塩素，酸素を得る電極の電位-電流密度の関係（概念図）
（a）塩素発生有利　（b）酸素発生有利
$i_{0,Cl}$，$i_{0,O}$ は塩素，酸素発生の交換電流密度，$E_{Cl}°$，$E_O°$ は塩素，酸素の標準電極電位．

> **電極反応速度に関するポイント**
>
> （i） 電流 i を流すのに必要な η を小さくするにはターフェル式の a を小さくする必要がある．このためには i_0 を大きくすればよいが，電極触媒能を上げたり，反応物質の濃度を大きくすることが重要である．
> （ii） $C_{Red}°$，$C_{Ox}°$ を大きくすることは拡散限界電流を大きくし，i を大きくする．
> （iii） 温度を上昇させる．電気化学反応もやはり化学反応であるため，温度を上昇させることは反応速度を大きくする．

　水銀法食塩電解では陰極に水銀を用いた．水銀は水素過電圧が非常に高い上，いろいろな金属とアマルガムをつくる．水素過電圧が高いと水素発生は起こりにくくなり，通常起こりえないような Na^+ の還元さえ起こる．もちろんこれは生成した Na が水銀と反応して，水の中でも比較的安定なアマルガムをつくるためでもある．
　この他にも過電圧を制御することで水からオゾンをつくったり，硫酸塩水溶液から過硫酸をつくったりと，電解技術は進歩している．

3.2　電解プロセス，電解リアクターの特徴

　電解は，電子伝導体である電極とイオン伝導体である電解質との界面で起こる電極反応を利用した電気化学システムの1つであるが，電池が自発的なダウンヒルの化学反応を利用しているのに対して電解はアップヒルの反応であるので，外部から電気エネルギーを加えないと自然には起こらない．言い換えれば，投入した電気エネルギーは物質の化学変化のために使われるので，化学エネルギーとして貯蔵することもできる．広く考えれば，めっき，電解加工などの表面処理，膜を用いた電気透析，さらには二次電池の充電過程も含まれる．電解プロセスの特徴を述べると
① 熱エネルギーだけでは進まない反応を行わせることができる．
② 化学反応では得られない強力な酸化剤，還元剤を得ることができる．
③ ファラデーの法則にしたがい，生産量は流した電気量に比例する．
④ 反応が電極界面に限られ，電極面積の大きさで生産量が制限されるので，

大量生産のためには同じ反応容器を多数必要とする．生産量の調整は，電流を調整することにより行うことができるが，多量の製品を得るためには電流容量の大きな電源が必要である．
⑤ 電圧を調整することにより副反応の発生を抑制することができる．
⑥ 酸化反応，還元反応が別々の場所で起こるため2種以上の製品が得られ，おのおの高純度のものが得られる．

②については，水の電気分解があげられる．水はわれわれが住む世界では一番安定な物質であり，熱を加えるだけでは水素と酸素に分解しない．しかし，わずか2V程度の電圧を加えるだけで簡単に1気圧の水素と酸素に分解することができる．

⑥の例としては，次のものがあげられる．強力な酸化剤である過硫酸（$H_2S_2O_8$，パーオキシ二硫酸が正しい）はエッチング試薬として今でも使われているが，これは水との反応でH_2O_2を製造することはできても，逆反応でH_2O_2を原料にして化学的に過硫酸をつくることはできない．電解ではそれが可能である．オゾンは無声放電でつくられているが，通常の化学反応でつくることはできない．それを，水の電解という簡単な操作で高濃度のオゾン水の製造を可能にすることができる．強力な還元剤であるNaは水溶液電解でつくることはできないが，溶融食塩電解を用いると容易につくることができる．過硫酸（塩）やNaの他にも数多くの強力な酸化剤，還元剤を電解でつくることができる．

工業的に行われている電解プロセスを大きく2種類に分類することができる．

1つは，物質の製造に直接電解反応が利用されるもので，食塩電解の塩素，アルミニウム精錬のアルミニウムがその代表的なものであり，電解製造と呼ぶことができる．これらは金属の電解採取の他に，無機，有機の製品の合成に用いられることもあり，電解合成と呼ばれることもある．

他の1つは，物質の純度を高めるために電気分解を利用するもので，銅をはじめとする金属の電解精製がその代表的なものである．表3.2に電解プロセスの応用例を示す．

電気分解を行う装置は電解槽，あるいは高温溶融塩では電解炉である．これは基本的にはアノード（陽極），カソード（陰極）の2種の電極，電解質，隔膜の4つの要素から成り立っている．このうち隔膜はない場合もあるが，2種の電極，電解質は必ず必要である．アノードでは脱電子反応，すなわち酸化反応が，カソ

表 3.2 電解プロセスの応用例

応用分野	製品,反応例など
1. 無機化学工業製品	F_2, Cl_2, NaOH, $NaClO_3$, MnO_2
2. 金属採取	Al, Mg, Na, Mn, Zn, Te, Cd
3. 金属精製	Cu, Pb, Ni, Al, Ag, Bi, In
4. 表面処理	Ag, Cu, Ni, Cr, Zn, Sn
5. 電解鋳造	Ni, Cu, Ni-Cr合金, Fe合金
6. 金属粉末製造	Cu, Fe
7. 電解加工	鋼材
8. 電解洗浄	鋼板
9. 陽極処理	Al, Ti
10. 電気防食	海洋構造物,土壌埋設物
11. 環境処理	電解浮上,生物付着防止,重金属除去,シアン分解
12. 電解透析	脱塩
13. 有機化学工業製品	アジポニトリル,パラアミノフェノール,4-エチル鉛,電解フッ素化
14. 電気泳動電着	電着塗装,ラテックス

ードでは受電子反応,すなわち還元反応が起こる.電解質中には反応に関与する物質がイオンの形で存在しており,原料の供給,製品の輸送の役割も果たす.隔膜はアノード生成物,カソード生成物の分離のために必要に応じて利用されている.

電解質としては,酸またはアルカリといった水溶液が最も多く利用されている.非水溶液の電解質や溶融塩は酸素発生反応より貴な電位の反応,あるいは水素発生より卑な電位の反応のために用いられる.水溶液では水の分解が優先的に起こり,目的の電解ができないからである.固体の状態でイオン導電性を有する固体電解質を用いることもある.1000°C付近の高温での O^{2-} イオン導電体のジルコニア(ZrO_2),H^+ イオン導電体の固体高分子電解質(solid polymer electrolyte, SPE)などがある.これらは電解質であるとともに隔膜の機能も有しており,これからの電解プロセスへの応用が期待されている.

工業電解プロセスは多方面にわたって利用されている.とくに,単一の元素からなる単体の製造に関しては60%以上の元素が電解により製造されており,電解精製,さらには電解採取で得られる強力な還元剤の助けによりつくられる元素まで含めると,80%以上が電解プロセスと関係している.

3.3 水溶液電解

3.3.1 水　電　解

　水素は石油精製，アンモニア合成などに広く使われている．かつては水を電気分解して得ることもあったが，現在では大部分が石油，天然ガスなどの改質によりつくられている．とくに，電力コストの高いわが国においては，大規模なものはほとんどなくなった．このような状況でも，世界的には水力発電などで安い電力の得られるところでは大型新鋭水電解槽が稼働している．また，クリーンな二次エネルギーとして注目されている水素を，水からつくり出す唯一の確立された工業的製造法として，注目されている．アルカリ水溶液を用いたときの反応は次の通りである．

$$\text{アノード反応}：2OH^- \longrightarrow \frac{1}{2}O_2 + H_2O + 2e^- \tag{3.25}$$

$$\text{カソード反応}：2H_2O + 2e^- \longrightarrow H_2 + 2OH^- \tag{3.26}$$

$$\text{全反応}：H_2O \longrightarrow H_2 + \frac{1}{2}O_2 \tag{3.27}$$

$$\text{分解電圧}：U = U° + \frac{2.303RT}{zF}\log\frac{P_{H_2}P_{O_2}}{a_{H_2O}} \tag{3.28}$$

　ここで，P_{H_2}，P_{O_2} は水素，酸素の分圧，a_{H_2O} は水の活量，$U°$ は標準分解電圧で 25°C，1 atm で 1.23 V となる．しかしながら，水の分解反応は吸熱反応であるため熱の補給も必要である．普通，この熱エネルギー（$T\varDelta S°$）は電気分解時の反応の非可逆的な部分，つまり電極の抵抗や液抵抗によるオーム損失，電極過電圧によって生ずる発熱で補われる．

　電解質としては，酸溶液中での電解も可能ではあるが，鉄あるいはニッケルなどの耐食性と電解質の抵抗を小さくするため，20～30% KOH 水溶液が用いられている．

　電極材料は，アノードにはニッケルめっきを施したスチール，カソードには軟鉄そのままかニッケルめっきで安定化したり，硫化処理して活性を上げ使用されている．いずれの電極も表面を粗面化して活性化し，ガス抜けをよくするため基体にはエクスパンドメタルなどを使用している．

　生成する水素，酸素の分離のための隔膜は石綿膜が用いられており，ニッケル

線で補強されることもある．電解槽温度は電極過電圧，液抵抗の面から考えて高温が望ましく，80℃くらいで運転される．これは材料として鉄が使用できる上限で，これを越えると個々の装置材料の劣化が激しく，新たな材料の開発が必要となる．

商用水電解槽として現在運転されている電解槽の圧力は通常は常圧であるが，ルルギの方式だけは唯一加圧式である．高温，高圧水電解法は，高圧にすることで水の沸騰を防ぎ，高温での水電解を可能にしている．理論分解電圧，電極反応抵抗，液抵抗を下げ，さらに生成ガスの圧縮の仕事が軽減されるという利点を有するが，構造材料に問題が多い．

アルカリ水溶液の代わりに，電解質として水素イオン導電体である固体高分子電解質を用いた電解法はSPE電解と呼ばれる．これはSPE膜上に直接電極をつけるので，槽構造はコンパクトになり，さらに純水を供給するだけで水電解ができるという大きな特徴をもっている．原理的には固体高分子形燃料電池と同じ構造である．小型のものはすでに商品化されている．

得られた水素，酸素のエンタルピー（正確には水分解における標準エンタルピー変化，$\Delta H°$）を投入した電気エネルギー（$\Delta G°$ に相当）で除した値を，水電解のエネルギー変換効率という．理論的には25℃，1 atmで$\Delta H°/\Delta G°=1.21$である．現状では0.70〜0.80であるが，より効率の高い水電解槽の開発が進められており，0.90を越すデータも出ている．

3.3.2 食塩電解

食塩水を電解すると，塩素ガス，水酸化ナトリウム（カセイソーダ），それに水素が得られる．これは工業的に食塩電解，ソーダ電解，あるいは塩素・アルカリ電解と呼ばれる．水酸化ナトリウム，塩素はともに化学工業にとって重要な基礎素材であり，食塩電解は基幹産業として重要な地位にある．このため，電気エネルギーの消費量も電解工業の中では最も大きい．食塩電解プロセスとしては，水銀法，隔膜法，イオン交換膜法の3つがある．このうち水銀法は環境への配慮から，わが国では1986（昭和61）年に廃止された．

隔膜法，イオン交換膜法における反応は次の通りである．

$$\text{アノード反応：} 2Cl^- \longrightarrow Cl_2 + 2e^- \tag{3.29}$$

$$\text{カソード反応：} 2H_2O + 2e^- \longrightarrow H_2 + 2OH^- \tag{3.30}$$

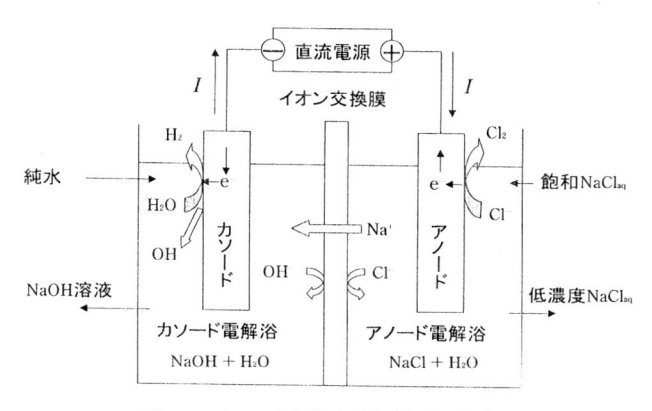

図3.5 イオン交換膜法食塩電解槽の概念図

$$\text{全反応：} 2NaCl + 2H_2O \longrightarrow 2NaOH + H_2 + Cl_2 \quad (3.31)$$

理論分解電圧は 2.2 V（80℃），製造に必要な理論電気量は塩素 1 t あたり 756 kAh，水酸化ナトリウム 1 t あたり 670 kAh である．隔膜としては，隔膜法では石綿，イオン交換膜法ではナトリウムイオン選択透過性のフッ素樹脂からなるイオン交換膜が用いられる．水銀法では隔膜を必要としない．図 3.5 にイオン交換膜法食塩電解の電解槽の概念を示す．

カソード材料は水銀法では水銀となるが他の 2 法では軟鋼，あるいはニッケルなどで活性化処理した低過電圧カソードが用いられる．アノード材料は旧式のものでは黒鉛であるが，わが国ではすべて金属電極に置き換わった．金属電極とは，チタン基体の上に酸化ルテニウム RuO_2 あるいは酸化ルテニウムと金属酸化物の複合酸化物を熱分解被覆したもので，電解による電極の消耗がほとんどなく，形状に変化がないことから寸法安定電極（dimensionally stable anode, DSA®）とも呼ばれる．

イオン交換膜法では，液の浸透がなく，ナトリウムイオン選択透過性の高いイオン交換膜が用いられる．この膜はフッ素樹脂を基本としており，Du Pont 社の開発したNafion® の出現でそれまでの水銀法，隔膜法からイオン交換膜法への製法転換が一気に進んだ．当初の膜は水酸化物イオン（OH⁻）の透過が大きく，電流効率も低かったが，アノード側にスルホン基，カソード側にカルボキシル基を有する複合膜の完成により，電流効率も向上した．隔膜法に比べて電解電力で 20〜30%，蒸気で 80% の切り下げが可能となり，全所要エネルギーも水銀

法をしのぐまでになった．エネルギーコストの高いわが国では，イオン交換膜を用いる新しい技術のおかげで省エネルギーに多大な貢献をしている．

3.3.3 省エネルギー型食塩電解法

通常の食塩電解では塩素，水素と水酸化ナトリウムが生成するが，カソードにガス拡散電極を通して酸素を供給することで水素の発生がない代わりに投入電力を低減する試みがなされ，パイロットプラントが動き始めている．この電解法は原理的には水素と酸素を使った燃料電池が電解槽内に組み込まれたものであり，理論的には 1.23 V の電圧低減効果が見込まれる．

通常の食塩電解法

$$2NaCl + 2H_2O = 2NaOH + H_2 + Cl_2 \qquad U° = 2.21 \text{ V} \qquad (3.32)$$

省エネルギー型食塩電解法

$$2NaCl + \frac{1}{2}O_2 + H_2O = 2NaOH + Cl_2 \qquad U° = 0.96 \text{ V} \qquad (3.33)$$

酸素の還元は一番活性があるとされる Pt を使っても過電圧が高く，十分な効果が得られないが，三次元的な反応場を持つガス拡散電極を使うことで，1 V 程度の電圧低減が図られることが実証された．

3.4 溶融塩電解工業

3.4.1 溶融塩電解の概要

溶融塩とは，常温で固体の塩を高温で溶解させたものをいうが，イオン結晶からなる塩は融解すると，イオン伝導性を示し電解質としての役割を果たす．塩の種類により，室温より 1200°C の範囲で用いられるが，塩の分解電圧，蒸気圧が安定性を評価する上で重要となる．ここでは水を使用しないので酸素発生より貴な反応，水素発生より卑な反応を起こすことができ高温のシステムが可能で反応が容易に進み，電極触媒に対する負担が小さいという利点がある．反面，高温では装置材料にかなりの制約が課されるといった欠点もある．

工業電解としては，水溶液電解では製造不可能な金属を中心に利用されている．Li, Na のようなアルカリ金属，Ma, Ca のアルカリ土類金属，Al，希土類としての Nb, Ta，核燃料である U, Pu, Th，さらにフッ素などが溶融塩電解

3.4 溶融塩電解工業

表 3.3 溶融塩電解プロセスの例

製　品	Li	F	Na	Mg	Al	Ca
原　料	LiCl	HF	NaCl	$MgCl_2$	Al_2O_3	$CaCl_2$
電解浴	LiCl–KCl	KF–HF	NaCl–$CaCl_2$	$MgCl_2$–NaCl–$CaCl_2$	Na_3AlF_6–AlF_3–CaF_2	$CaCl_2$
アノード材料	炭素	炭素	黒鉛	黒鉛	炭素	黒鉛
カソード材料	鋼	鋼	鋼	Mg(鋼)	Al(炭素)	鋼
温度(°C)	450	85	590	700	970	800
槽電流(kA)	1.4	5	38	100	200	104
単槽電圧(V)	6.8	10	6.9	6	4.0	25
電流効率(%)	80	93	83	80	90	50
電解電力($kWh \cdot t^{-1}$)	36000	16000	10600	17000	13400	67000
その他	隔膜あり	隔膜あり	隔膜あり			

で得られる代表的なものである．表3.3にはこれら溶融塩電解の主要なプロセスの例を示す．金属は液体の状態で生成させ，カソードとして利用したり，取り出しを容易にする．したがって，浴の温度は金属の融点以上となり，それに適した塩が選ばれる．具体的にはハロゲン化物が多く用いられる．

3.4.2 アルミニウム電解

アルミニウムの原料はアルミナ（Al_2O_3）であり，ボーキサイトを水酸化ナトリウムで処理し不純物の酸化鉄，酸化ケイ素を除き，生成する水酸化アルミニウムを焼成して得られる（バイヤー法）．氷晶石（Na_3AlF_6）を主体とする電解浴中に，融点を下げるためAlF_3，CaF_2を添加し，970°Cで得られたアルミナを5〜8%溶かして電解する．これは，発明者にちなんでホールエール法と呼ばれる．反応は次の通りである．

$$\text{アノード反応：} 3C + 6O^{2-} \longrightarrow 3CO_2 + 12e^- \tag{3.34}$$

$$\text{カソード反応：} 4Al^{3+} + 12e^- \longrightarrow 4Al \tag{3.35}$$

$$\text{全反応：} 2Al_2O_3 + 3C \longrightarrow 4Al + 3CO_2 \tag{3.36}$$

アノードに炭素，カソードに生成したアルミニウムを利用するが，アノードの炭素が電気化学的に消費されながら反応は進む．理論的には，アルミニウム1tにつき330kgの炭素が必要だが，実際には400〜450kg消費される．この消費される炭素の供給方法は2通りある．プリベーク（既焼成）式では別な炉で炭素電極を焼成して用いる．ゼーダベルグ（自焼成）式では電気炉に直接炭材を補給し，炉から放出される熱を活用して焼成する．図3.6にプリベーク式電解炉を示

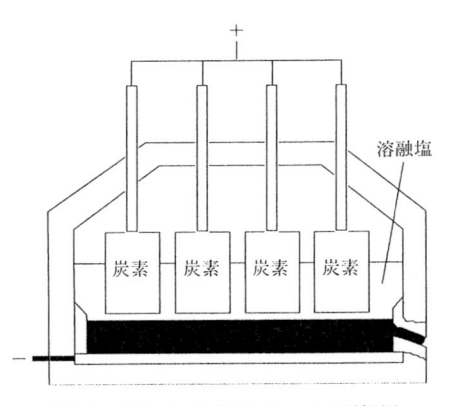

図 3.6 プリベーク式アルミニウム電解炉

す．

このように炭素ブロック（電極）の消耗に伴い補給が自動的になされるが，Al_2O_3 濃度が低下するとアノードで F^- の酸化が起こり，四フッ化炭素が発生する．

$$2F^- \longrightarrow F_2 + 2e^- \quad (3.37)$$
$$C + 2F_2 \longrightarrow CF_4(g) \quad (3.38)$$

また，炭素電極表面が次第にフッ素化されフッ化グラファイトが生成する．その結果溶融塩との濡れが悪くなり抵抗の上昇でスパークが飛び始める．これを**アノード効果**という．これを防止するには Al_2O_3 の濃度を一定に保つ必要があり，電解中に Al_2O_3 をたえず補給していく必要がある．還元された金属アルミニウムは溶融状態で電解槽の底に溜まる．これを炉外に抜き出して徐々に固め，連続的にローラーで柱状にして送り出す，連続鋳造という方法で素材をつくっている．

アルミニウムを工業的に生産する方法としては，このホールエール法が現状では唯一である．わが国では，電力コストが高く，生産量は消費量の 1/10 以下である．もっぱら電力の安い海外でつくられる地金の輸入に頼っている．

3.4.3 マグネシウム製錬

Mg の工業的な製錬は $MgCl_2$ を溶融塩電解する方法と，高温下で MgO を Fe-Si で還元する方法の 2 つで行われている．電解浴は $MgCl_2$ に NaCl，KCl，$CaCl_2$，LiCl を加えた混合溶融塩で，アノードは黒鉛，カソードは鉄板で電解が行われ，生成した Mg は溶融状態で析出浮上する．アノードで発生する塩素と Mg が接触しないように煉瓦で隔壁を設ける．理論分解電圧は 2.7 V，理論電気量は 2205.5 kAh・t^{-1} であるが，電流効率 ε_F は 0.90，槽電圧は 6 V，最近の例では 5.7 V に切り下げられ，$\varepsilon_F = 0.932$ となり，電解電力は $5.7 \times 2205.5 / 0.932 = 13486$ kWh・t^{-1} となっている．$TiCl_4$ を Mg で還元して金属チタンを製造するクロール法の工場では副生する $MgCl_2$ を Mg にする回収電解が行われる．

3.4.4 ナトリウム製造

カセイソーダの溶融電解（カストナー法）から始まり，食塩の溶融塩電解（ダウンズ法）となった．NaOHの電解はNiアノードとCuカソードで行っている．電流効率は悪く，0.5以下で，電解電力は14000 kWh·t^{-1}である．現在は使用されていない．

NaClの電解では金属ナトリウムと塩素が直接に得られる．黒鉛アノードと鋳鉄カソードでNaClにCaCl$_2$を加えて融点を低下させて600℃で電解する．電流効率は0.83，電解電力は10600 kWh·t^{-1}である．

3.4.5 有機化合物の電解フッ素化

KF·2HFを電解浴として100℃で電解する．アノードには炭素，カソードには軟鋼を用い，ニッケル合金金網を隔膜とする．電解の進行に伴い無水HFを原料として補給する．無水HFと有機物との混合溶液を直接電解すると，取り扱い困難なフッ素を用いずに有機物のフッ素化を行うことができる．

3.5 金属の電解採取・電解精錬

3.5.1 電解採取

鉱石を酸とともにばい焼し，湿式処理を行って電解液を作製して電解を行い，カソードに目的金属を析出させる．アノードには炭素あるいはPb-Sbのような不溶性の電極を使用する．この方法で採取している金属には，Zn, Sn, Ni, Cr, Mnなどがある．表3.4に主要な電解採取プロセスの例を示す．

このうち，Znは工業電解の中では最も重要な金属の1つである．亜鉛の電解採取は乾式製錬法と競合関係にあるが，電解法の生産量の方が多い．電解法は大量生産には不向きであるが，小規模生産には，取り扱いが容易である点を含めて，適した製法である．

亜鉛の鉱石は閃亜鉛鉱（ZnS）である．鉱石を1000℃でばい焼し，ZnOを得る．この後，硫酸酸性の電解廃液をリサイクルしてZnOを浸出して電解液とする．電解槽の一例を図3.7に示す．亜鉛の標準電極電位は-0.763 Vで水素電極よりはるかに卑な値であるが，水素過電圧が高いので，適切な条件を設定すれば，亜鉛の電解採取は可能である．そのためには不純物が電析しないように電解

表 3.4 金属の電解採取プロセスの例

製品	Zn	Co	Mn	Cr
電解液	$ZnSO_4+H_2SO_4$	$CoSO_4+H_2SO_4$	$MnSO_4+(NH_4)_2SO_4+H_2SO_4$	$NH_4Cr(SO_4)_2+H_2SO_4$
温度(°C)	40	55	35〜40	53
槽電流(kA)	42	10〜16	7.5	16
電流密度($A\cdot m^{-2}$)	80〜480	125〜200	270	750
単槽電圧(V)	3.3	3.5	4.7	4.2
電流効率(%)	90	83	60〜63	45
電解電力($kWh\cdot t^{-1}$)	3000	4200	8000	16500
その他	—	—	隔膜あり	隔膜あり

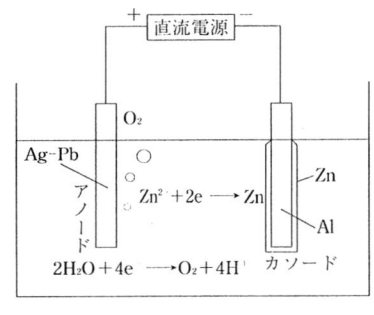

図 3.7 ZnO の電解採取

液を精製する必要がある.とくに Cu,Co,Ni,Sb,As などが電極に析出すると水素過電圧を下げたり,電析亜鉛の形状に影響を及ぼす.電解槽内の反応は次の通りである.

アノードでは
$$H_2O \longrightarrow \frac{1}{2}O_2+2H^+ \qquad (3.39)$$

カソードでは
$$Zn^{2+}+2e^- \longrightarrow Zn \qquad (3.40)$$

電解液は 2M 程度の硫酸溶液で液温を 30〜45°C に保つ.電解槽は硬質塩化ビニルなどの耐酸容器を用いる.アノードには不溶性電極として 0.9%Ag-Pb 電極が用いられ,浴電圧 3.3 V,500 $A\cdot m^{-2}$ 付近の条件下で操業されている.

3.5.2 電解精錬

乾式による還元あるいは電解製錬により製造された金属は多くの不純物を含んでいる.実用に供するためにはさらに精製する必要があり,電解精錬法は優れた方法の1つである.粗金属(不純物を含む金属)をアノード溶解するとその金属の標準電極電位より卑な不純物金属はその金属とともに溶解するが,それより貴な金属は溶解できない.また,溶解した金属イオンをカソードに還元電析させると逆にその標準電極電位より貴な不純物金属イオンは電析するが,卑な不純物金属イオンは電析できない.この原理を利用すると金属の精錬すなわち純化ができる.電解精錬によって精製を行っている金属は Zn,Cd,Sn,Pb,Bi,Sb,Fe,Ni,Co,Cr,Mn,Au,Ag,Pt など多岐にわたる.表 3.5 に金属の電解

3.5 金属の電解採取・電解精錬

表 3.5 金属の電解精錬プロセスの例

製　品	Cu	Pb	Ag	Ni
電解液	$CuSO_4 + H_2SO_4$	$PbSiF_6 + H_2SiF_6$	$AgNO_3 + HNO_3$	$NiSO_4 + H_3BO_3 + NaCl$
温度(℃)	60	常温	常温	60
電流密度($A \cdot m^{-2}$)	220	147	314	200
単槽電圧(V)	0.31	0.46	1.7	1.9
電流効率(%)	97	93	93	93
電解電力($kWh \cdot t^{-1}$)	284	180	500	1900

精錬プロセスの例を示す．

このうち工業的に最も多量に生産されている例として銅の電解精錬がある．銅の鉱石は黄銅鉱（$CuFeS_2$）で，これを空気で酸化し，酸化物とする．さらにコークスによって還元し，粗銅を得る．粗銅は鉱石経由の Fe，Co，Ni，Zn，Pb，Ag，Au，Pt のような金属成分と S，Sb，Se，As，Te のような非金属成分が不純物として含まれている．また，最近はリサイクルの回収銅も原料として使われている．これら粗銅をアノードとし，純銅をカソードとして 2M の硫酸溶液中で電解する．反応自体は

$$Cu \rightleftharpoons Cu^{2+} + 2e^- \tag{3.41}$$

の可逆反応である．すなわちアノードもカソードも同じ平衡電位であり，理論上の電解電圧は 0 であるが，粗銅のアノード，純銅のカソードとも電流の大きさに対応した過電圧分だけ分極し，2 つの過電圧の和が電極間に必要な極間電圧である．実際の操業は，浴電圧 0.3 V，250 $A \cdot cm^{-2}$，60℃前後で行われている．銅精錬電解槽の概略図を図 3.8，3.9 に示した．この銅精錬で必要な仕事は電極間の

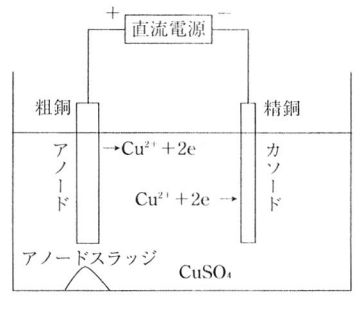

図 3.8　銅の電解精錬

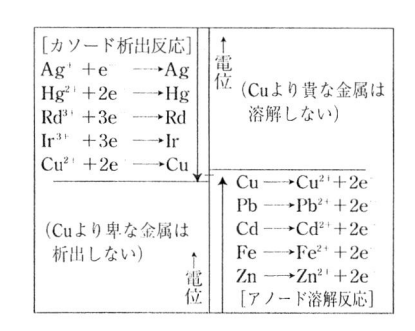

図 3.9　銅精錬におけるアノード反応とカソード反応の電位範囲と精製原理

電圧と電流の積である．アノードでは粗銅の溶解に際してCuの他にそれより卑な金属であるFe，Co，Ni，Zn，Pb，が同時に溶解する．溶解できない成分はアノードの下部に不溶性成分として堆積する．これをアノードスラッジといい，Ag，Au，Ptなどの貴金属，その他Pb，Cdなどの卑金属，As，Biの非金属成分を含んでいる．AuとAgの電解精錬で，Pt，Rh，Pd，Bi，Teは精製により，Sb，Ceは還元反応によって純成分を採取している．電解精錬の純化は非常に合理的である．電解液中に溶けている金属イオンは銅より標準電極電位の貴である Ag^+，Rh^{3+}，Ir^+ のような貴金属以外は析出しない．

3.6 その他の工業電解プロセス

3.6.1 電解による無機化合物の製造

電気分解では，アノードで酸化，カソードでは還元反応が起こり，熱だけの反応では容易に起こらない反応を行わせることができる．これがいくつかの無機化合物の製造に適用されており，狭い意味で電解酸化，電解還元と呼ばれることがある．この方法は，強力な酸化，還元を必要とする小規模生産に適している．塩素酸塩，過硫酸塩，二酸化マンガン，二酸化鉛などの酸化生成反応に，ウラン精製の際のウラニル塩（U^{6+}）のウラナス塩（U^{4+}）への還元反応の際に利用されている．表3.6には，電解によりつくられる無機化合物の例を示す．

3.6.2 電解による有機化合物の製造

有機化合物，中でもファインケミカルに属する医薬品，香料，農薬などは付加価値が高い製品で，少量，多品種の生産が要求される．電解プロセスはスケールメリットが少なく，反応を制御しやすいため，これら有機合成法への摘要が進められている．ナイロンの原料であるアジポニトリルは，アクリロニトリルの電解二量化でつくられる．

$$2CH_2=CHCN + 2H^+ + 2e^- \longrightarrow NC(CH_2)_4CN \tag{3.42}$$

ここでは，電解質の導電性を上げるための支持電解質の選択と，カソード生成物のアノード室への混入を防ぐイオン交換膜が技術的に重要である．アジポニトリルの電解合成の工業化に成功して以来，電解有機合成法は注目されている．

有機電解ではコルベ反応に見られるように，電極の種類，電解質，電解条件に

表3.6 電解プロセスで生産される無機化合物の例

製 品	NaClO$_3$	(NH$_4$)$_2$S$_2$O$_8$	KMnO$_4$	MnO$_2$	UCl$_4$
電解液	NaCl	(NH$_4$)$_2$SO$_4$+H$_2$SO$_4$	K$_2$MnSO$_4$+KOH	MnSO$_4$+H$_2$SO$_4$	UO$_2$Cl$_2$+HCl
アノード材料	金属電極	白金	ステンレス鋼	鉛	白金
カソード材料	軟鋼	黒鉛	軟鋼	鉛	チタン
温度(°C)	70	30	70	90	30
電流密度(A·m^{-2})	2000	8000	i_A=70 i_C=700	100	1200
単槽電圧(V)	3.3	3.8	3.0	2.2	5
電流効率(%)	93	78	60	93	83
電解電力(kWh·t^{-1})	5400	1100	850	9300	1850(AC)
その他	——	隔膜あり	——	——	陽イオン交換膜あり

より生成物が変化する．逆に，これらをうまく制御すれば，副反応を抑えて，目的物を高収率で得ることも可能である．

3.6.3 表面処理，寸法加工工業

溶液中のイオンをカソードで還元して金属の薄膜をつくる方法をめっきと呼び，装飾用，防食用，工業用に広く用いられている．めっきする加工表面は研磨などの素地調整，脱脂などの表面清浄を行ってめっきする．銅めっきは硫酸銅，シアン化銅ピロリン酸銅などの浴で，ニッケルは硫酸ニッケル，ホウフッ化・スルファミン酸の各浴から，クロムは無水クロム酸浴から，亜鉛とカドミウムはシアン化亜鉛，硫酸塩の浴から，スズは硫酸スズとスズ酸ナトリウム浴から，鉛はケイフッ化・ホウフッ化塩浴から行われ，貴金属のめっきや黄銅・ニッケル-コバルトなどの合金めっきも行われる．アルミニウムの表面処理として，硫酸やシュウ酸中でアノードとして多孔質の酸化被膜を生成させ，これを封孔処理する方法が広く行われ，アルマイトとして知られるこの処理でアルミニウムが耐食性の構造材料として使われている．またこの方法は電解コンデンサ製造にも使われている．

電気めっきで目的の形を精密に複製する方法を電解鋳造という．金属を機械的に研磨すると熱や圧力のため，結晶性を失った薄層ができるが，高い電流密度で，適当な電解によりアノード溶解させると微視的な突起が選択的に溶解して，輝度の高い研磨ができる．これを電解研磨という．これより巨視的な寸法で，金属をアノード溶解させて寸法加工を行うものを電解加工と呼び，鉄については

1.7 A·cm^{-2} の電流密度で 3.3×10^{-3}cm·min^{-1} の加工速度となる．

3.6.4 電気浸透，電気透析

隔膜で隔離した容器に溶液を入れ，直流電圧を加えると隔膜を通して液が移動する．これを電気浸透という．これとは反対に隔膜を通して液を通過させると隔膜の両側に電位差が発生する．これを流動電位と呼ぶ．

2枚の隔膜で3室に仕切られた中央部に電解質溶液を入れ，外側に水を入れて電解すると中央部の陽イオンは負極室へ，陰イオンは正極室へ移動し，除去される．これを電気透析という．陽イオンが通りやすい陰性膜を負極室に，陰イオンが通りやすい陽性膜を正極室に配置すると透析の効率はよくなり，イオン交換膜を用いて海水を電気透析すると脱塩水と濃縮かん水とが得られる．海水の淡水化と海水からの食塩の採取として実際に工業的規模で行われており，非常に重要な電解工業になっている．わが国では工業的な食塩電解用の原料食塩はほとんどすべてを輸入に頼っているが，食用塩だけは電気透析で製造している．また，離島や中東諸国ではこの電気透析を使って飲用水を得ているところもある．

4

金属の腐食

　金属が錆びる現象を**腐食**（corrosion）という．腐食は水などの溶液中で金属が溶けたり，錆びたりする**湿食**（wet corrosion）と，空気中の酸素などの気体との反応によって金属が錆びる**乾食**（dry corrosion）とに区別されている．このうち湿食，水溶液における金属の腐食は電気化学現象として理解される．本章では湿食について取り上げ，どのような仕組みで腐食が起こるのか，電気化学の理論を用いて説明することができるかを学び，実際に起こる腐食の形態，防食法について学ぶ．

4.1　腐食の原理

4.1.1　水溶液腐食の2つのタイプ

　水の中であるいは雨水によって鉄が容易に錆びる現象は至る所で目撃される．鉄の腐食は自発的に起こり，錆びるにしたがい表面は黒あるいは褐色に変化して行くのがわかる．酸性の溶液など過酷な条件下では水素を発生しながら溶ける．一方，銅のような貴金属は錆びにくく，まず水素を発生して溶けることはない．この違いは金属のイオン化傾向として知られており，卑金属と貴金属を区別する尺度となっている．それでは貴金属である銅は錆びないのであろうか．いや，銅も錆びる．銅は水素を発生して溶けることはないが，大気に曝された水溶液には酸素が溶け込んでおり，いわゆる**溶存酸素**が酸化剤となって銅を酸化する．すなわち，程度の差はあるがどんな金属でも原理的には錆びるのである．このように水溶液中の金属の腐食には2つのタイプがある．

　　　水素発生型腐食——卑金属の腐食
　　　酸素消費型腐食——貴金属の腐食

これら2つのタイプの腐食について例をあげて説明する．

a. 水素発生型の腐食

酸性の水溶液中で鉄は水素ガスを発生しながら2価の鉄イオンの形で溶解する．この反応を化学反応式で表すと，次式のようになる．

$$\text{Fe} + 2\text{H}^+ \longrightarrow \text{Fe}^{2+} + \text{H}_2 \tag{4.1}$$

一見，化学反応のように見えるが，本質は電気化学反応である．鉄表面で鉄が溶ける**アノード反応**（anodic reaction）と水素ガスが発生する**カソード反応**（cathodic reaction）とに分解される．2つの反応は同じ場所で起こる場合も，場所が異なる場合もあり，鉄の表面状態による．それらの反応は次の電気化学反応式で表される．

$$\text{部分アノード反応：Fe} \longrightarrow \text{Fe}^{2+} + 2\text{e}^- \tag{4.2}$$

$$\text{部分カソード反応：} 2\text{H}^+ + 2\text{e}^- \longrightarrow \text{H}_2 \tag{4.3}$$

ここで重要なことは部分アノード反応と部分カソード反応が等しい速度（電流）で起こることである．

このような電気化学反応のカップルは，部分カソード反応の**平衡電位**が部分アノード反応のそれよりも貴な場合にのみ成立する．平衡電位はネルンストの式として書かれる．式 (4.2) の反応を例にとると，

$$E = E_{\text{Fe}}^\circ + (RT/2F) \ln\{[\text{Fe}^{2+}]/a_{\text{Fe}}\} \tag{4.4}$$

式 (4.4) の中の E_{Fe}° は鉄の**標準電極電位**（standard electrode potential）と呼ばれ，その値は**水素基準電位**（standard hydrogen electrode potential）で $-0.441\,\text{V}$ である．

$[\text{Fe}^{2+}]$ は Fe^{2+} の濃度であるが，厳密には**活量**を用いる．また，a_{Fe} は Fe の活量で純粋な固体なので一般には1とする．温度を25°Cとすれば，

$$E = -0.441 + 0.0592 \log[\text{Fe}^{2+}] \tag{4.5}$$

の関係が得られる．

一方，水素発生反応式 (4.3) の平衡電位は同様に

$$E = E_{\text{H}_2}^\circ + (2.303RT/2F) \log\{[\text{H}^+]^2/P_{\text{H}_2}\} \tag{4.6}$$

で与えられるが，$E_{\text{H}_2}^\circ$ は水素の**標準酸化還元電位**（standerd redox potential）と呼ばれ，定義により $0\,\text{V}$ である．P_{H_2} は開放系では $1\,\text{atm}$ であり，$\text{pH} = -\log[\text{H}^+]$ なる定義から次のように書き換えられる．

$$E = -0.0592\,\text{pH} \tag{4.7}$$

もし，pH=3で，鉄のイオン濃度が0.1Mとすれば，式(4.5)から，鉄の溶解の平衡電位は-0.447Vとなり，式(4.7)から水素発生反応の平衡電位は-0.178Vが得られる．この場合は水素発生反応の平衡電位の方が鉄の溶解反応の平衡電位より貴であり，鉄の溶解（腐食）は自発的に進行する．もし，これらの電位が等しいか，あるいは逆であれば腐食は起こらない．鉄のイオン濃度を0.1Mと仮定し，式(4.5)と式(4.7)が等しいとしてpHの値を求めると，7.55を得る．これは，pH 7.55以上の溶液（中性から塩基性）では鉄は腐食しないことを意味する．もちろん溶解する鉄イオンの濃度によっても鉄溶解の平衡電位は変化するので鉄が自発的に腐食するかどうかは溶液の状態次第である．

b. 酸素消費型腐食

銅の標準電極電位は0.337Vで水素発生の標準酸化還元電位0Vより貴であり，水素発生型腐食は起こらないことになる．しかし大気に開放された水には酸素が溶けている．酸素の標準酸化還元電位は1.23Vで，銅の標準電極電位よりもはるかに貴である．このため酸素の還元反応（oxygen reduction reaction）との間で腐食系を形成する．この場合の部分アノード反応と部分カソード反応は次のように書かれる．

$$\text{部分アノード反応}: Cu \longrightarrow Cu^{2+} + 2e^- \tag{4.8}$$

$$\text{部分カソード反応}: \frac{1}{2}O_2 + H_2O + 2e^- \longrightarrow 2OH^- \tag{4.9}$$

酸素の標準酸化還元電位はAg（0.80V），Pt（1.19V）よりも貴である．このことは銀や白金も酸素の還元によって腐食することを意味する．これらの金属では金属イオンが水に溶けにくいので，金属表面に難溶性の酸化物を形成する．そのため，腐食は進行しないように見える．一方，金の標準電極電位は1.50Vと酸素の酸化還元電位より貴であり，金は常温でただ1つ酸素によって酸化されない金属である．

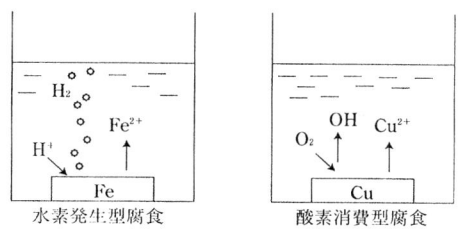

図4.1　水中での金属の腐食類型

> **腐食反応と電池反応**
>
> 腐食反応は異なるアノード反応とカソード反応とのカップルからなるが,電池もまったく同様なカップルからなり,原理的には同一の電気化学的機構で進行する.電池ではアノードとカソードが分離し,その電極の外部回路に電球やモータなどの負荷を挿入して仕事をさせるのに対し,腐食系では電極が短絡しているので,仕事はしない.
>
> 腐食反応
> (水素発生型腐食)
> アノード:Fe $\longrightarrow$ Fe^{2+}+2e$^-$
> カソード:2H$^+$+2e$^-$ $\longrightarrow$ H$_2$
>
> 電池反応
> (ガルバニ電池)
> Zn $\longrightarrow$ Zn^{2+}+2e$^-$
> Cu^{2+}+2e$^-$ $\longrightarrow$ Cu
>
> 接触腐食 ← (短絡) ← ガルバニ電池
>
> 図 4.2

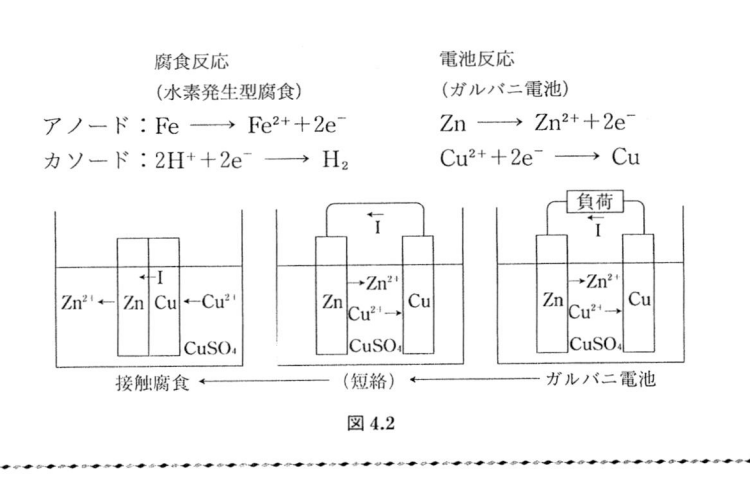

4.1.2 腐食電位

腐食している金属の電位を測定すると,腐食の進行に伴って変化するが,やがて一定電位を示す.この電位を**腐食電位**(corrosion potential)という.腐食電位の意味については後で説明するが,部分アノード反応の平衡電位と部分カソード反応の平衡電位の間にあり,2つの反応により混成された電位である.このように腐食電位が部分アノード反応の平衡電位に近いので,腐食電位を測ることにより溶液の pH がわかれば,電位-pH 図から対象とする金属がどのような状態にあるかを推定することができる.

4.1.3 電位 - pH 図

ここまでは腐食系として鉄の溶解反応のみを取り上げたが,実際の鉄の腐食の状態を観察すると,鉄の表面は場合により黒色あるいは褐色に変色する.錆びの主成分である水酸化物や酸化物が形成しているのである.これらの錆びを分析す

4.1 腐食の原理

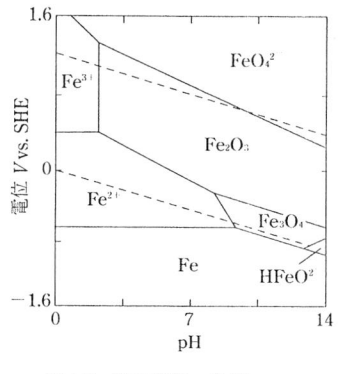

図4.3 鉄の電位-pH図
(Pourbaix diagram)

ると $Fe(OH)_2$, $Fe(OH)_3$, Fe_3O_4, Fe_2O_3 などが確認される．とくに中性やアルカリ性溶液中では酸化物は安定に存在する．これらも鉄のアノード反応によって生成されたものである．鉄の場合でも水素発生型の腐食ばかりでなく，鉄の溶解反応（−0.447 V）より平衡電位の貴な水酸化物，酸化物を形成するアノード反応が関与する酸素消費型の腐食として進行する．もし鉄に関する反応の平衡電位がわかれば腐食電位を測定することにより，その反応の種類を推定できる．そのつど平衡電位の計算はできるが，不便なのであらかじめその金属と水とのあらゆる反応に関する平衡電位を計算し，作成した便利な地図がある．これを電位-pH図（あるいはプールベ図，Pourbaix diagram）という．現在では鉄の他あらゆる金属についてつくられている．図4.3は一例として最も使われる鉄の電位-pH図である．

たとえばFeからFe_3O_4に電気化学的に酸化される反応を考える．

$$3Fe + 4H_2O \longrightarrow Fe_3O_4 + 8H^+ + 8e^- \tag{4.10}$$

この反応の平衡電位はネルンストの式にしたがい，式（4.4）と同様に

$$E = E_{Fe_3O_4}° - 0.0592\,pH \tag{4.11}$$

と書ける．ただし，FeとFe_3O_4のなどの固体の活量は1と近似する．式（4.11）からこの平衡電位はpHの関数であることがわかる．縦軸に電位，横軸にpHをとると式（4.11）は直線関係を示し，直線より上の領域はFe_3O_4が安定で，直線より下の領域はFeが安定である．鉄の溶解反応式（4.2）はpHに依存しないのでx軸に平行であるが，[Fe^{2+}]の濃度が大きいほど上方に平行移動する．一方，Fe_2O_3の溶解のような電子の移動のない化学反応は，次のような化学平衡が成り立つ．

$$Fe_2O_3 + 6H^+ = 2Fe^{3+} + 3H_2O \tag{4.12}$$

$$K = [Fe^{3+}]^2/[H^+]^6 a_{Fe_2O_3} \tag{4.13}$$

$$\log K = 6\,pH + 2\log[Fe^{3+}] \tag{4.14}$$

KはFe_2O_3の化学溶解反応の平衡定数で，Fe_2O_3の活量$a_{Fe_2O_3}$を1とした．この平衡は電位に無関係でFe^{3+}の濃度とpHでのみ決まり，図上では垂直な直線

となる．直線はFe^{3+}の濃度が大きいほど左に平行移動する．直線の右側ではFe_2O_3が安定で，左側ではFe^{3+}が安定であることを意味する．図4.3に，鉄に関するすべての反応について電位をpHの関数としてプロットすると，安定に存在する鉄酸化物，鉄イオンの領域ができる．Fe^{2+}やFe^{3+}の領域は鉄が溶解していることを意味し，腐食が進行しているので**活性態**（active state）と称する．一方，それに比べ酸化物，水酸化物の領域は反応の進行が遅いので溶解が抑制される．このような領域を**不働態**（passive state）と呼んでいる．

この電位-pH図を使うと鉄の腐食状態を推定することができる．溶液のpHと腐食電位を計測して図上の位置を調べ，それがFe^{2+}やFe^{3+}の領域に相当すれば鉄は活性態にあり，腐食は進行していることを意味する．逆に酸化物や水酸化物の領域にあれば不働態であり，腐食の進行が妨げられることを意味する．また，同時に図には水素発生反応の平衡電位と酸素還元の平衡電位のpH依存性も破線で示している．ともに$-0.0592\ \mathrm{V\cdot pH^{-1}}$の勾配をもつ直線である．腐食系を形成するには腐食電位は水素発生反応あるいは酸素還元反応の平衡電位のどちらかの電位より卑である必要がある．しかしここで注意しなければならないことは，測定した腐食電位は後に述べるように平衡電位から分極された電位であり，電位-pH図で使われた平衡電位ではないという点である．したがってあくまでも推定の域を脱しないのであるが，それほど大きくは異ならないので十分活用できる．

4.1.4 腐食電位と腐食電流

水素発生型腐食は金属溶解のアノード反応と水素発生のカソード反応の組み合わせで起こり，しかもアノード反応の平衡電位がカソード反応のそれより卑である場合のみカップルできることを述べた．次にどのように腐食反応が進行しているか，速度の立場から述べる．腐食反応が電気化学反応であるので，**ファラデーの法則**により腐食速度（corrosion rate）vは電流として記述できる．

$$I = nFv \tag{4.15}$$

ここで，Fはファラデー定数，nは反応の電子数である．

すでに述べてきたように電気化学反応（個々の反応に注目した場合は，**電極反応**（electrode reaction）という場合が多い）はそれぞれ熱力学により導かれた平衡電位をもつ．その電位より貴の方向に分極するとアノード電流（正電流）が

4.1 腐食の原理

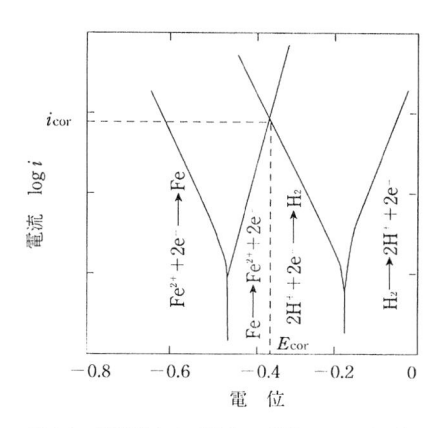

図4.4 鉄溶解と水素発生の部分アノード，部分カソード分極曲線による腐食電位と電流の求め方（Evans diagram）

流れ，それより卑の方向に分極すればカソード電流（負電流）が流れる．それぞれの反応が**活性化支配**であれば電極反応の分極したときの電流と**過電圧**（overpotential）η との関係は理論的に次式で表される．

$$\eta = a + b \log |i| \qquad (4.16)$$

ここで，$|i|$ は電流の絶対値であり，アノード反応，カソード反応の双方に用いることができる．また，η は平衡電位から分極した電位との差であり，$a = \pm 2.303 RT/\alpha nF \log i_0$，$b = \pm 2.303 RT/\alpha nF$（$\alpha$ は透過係数，n は電子数）で，アノード反応のとき正で，カソード反応では負をとる．過電圧 η と $\log |i|$ をプロットすると直線関係を示すことから**ターフェル線**とよばれる．その勾配は b であり，**ターフェル勾配**といわれ，$\pm 0.0592/\alpha n$（V・decade^{-1}）である．これらのパラメータから反応に関与する電子数など反応機構に関する情報を得ることができる．

腐食反応は2つの異なる電気化学反応が同一の電極上で進行するので，アノード電極反応とカソード電極反応の電位は同一でなくてはならない．すると平衡電位の貴な水素発生反応はカソード方向に，鉄の溶解反応についてはアノード方向に分極する．過電圧 η だけ分極するためには，式（4.16）にしたがって電流 i が流れなければならない．両反応がペアで起こるためにはアノード電流とカソード電流の大きさは等しくなくてはならないから，両者とも等しい電流（電流の方向はアノード電流が正で，カソード電流は負なのでその絶対値が等しくなる）まで分極され，等しい電位を示す．図4.4には鉄の溶解反応と水素発生反応の**分極曲線**（polarization curve）と腐食系の成り立ちを概念的に示した．縦軸は対数で表示してあるので，式（4.16）にしたがうターフェル線が観測される．それぞれ貴に分極した曲線を**アノード分極曲線**，卑に分極した曲線を**カソード分極曲線**という．カソード分極曲線はもともと負の電流なので電流の絶対値をとって表示してある．また，一般にアノード分極曲線とカソード分極曲線のターフェル勾配は

可逆系と混成系

ここで鉄溶解反応，水素発生反応のおのおのの電極反応のアノード，カソード分極曲線の交点は平衡電位と交換電流密度を与え，同じ反応の正逆反応なのでこれを**可逆**と呼ぶ．それに対しアノード反応とカソード反応が異なる腐食反応は**混成系**と呼ばれる．この系は平衡でないのでそれぞれの反応が進行し，最終的には鉄が溶解しつくすまで反応し続ける．

異なる．同じような仕方で鉄のアノード分極曲線と水素発生のカソード分極曲線は交叉する．この交点の電位が**腐食電位** E_{cor} に相当し，そのときの電流が**腐食電流密度** i_{cor} (corrosion current) に対応する．このように分極測定による部分アノード曲線，部分カソード曲線を用いて腐食電位，腐食電流を求める作図を**エヴァンス図**（Evans diagram）と呼んでいる．

一方，銅の腐食のような酸素消費型の腐食ではカソード反応種である液中の酸素分子のカソード反応面への供給が追いつかなくなり，電極面への輸送が反応速度を支配する，いわゆる拡散律速となり電流は飽和する．銅のアノード曲線のターフェル勾配が大きくても交叉する電流値は酸素還元のカソード電流で決まってしまい，大きくならない．図4.5にこの様子を示している．銅の腐食が鉄と比べて小さいのはカソード反応の違いによる．このようにカソード電流によって腐食電流が決まってしまうのを**カソード支配**と呼んでいる．逆にアノード電流が小さい場合には**アノード支配**，どちらも同じ程度であれば**混合支配**と呼んでいる．

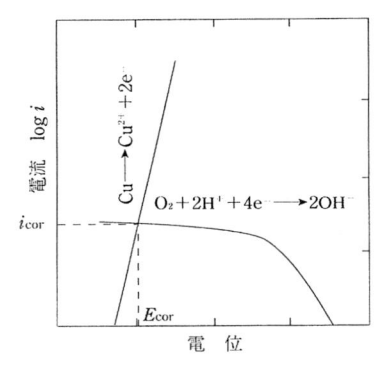

図4.5 銅の酸素消費型腐食におけるアノードとカソード分極曲線による腐食電位と腐食電流の関係

4.1.5 不働態

腐食電位から鉄をアノード分極すると，鉄の溶解が起こり，電流が上昇し，ターフェル線を示す．しかし，さらに分極を続けると電流はピークを示した後，突然3～4桁ほど小さい電流値まで低下する．さらに電位を上げてもほぼ一定値を

金や白金がいつも輝いている理由

金は常温では酸化されないが，白金は酸化される．白金は塩化物イオンなどと錯塩をつくらないと水には溶けないため，不働態酸化物皮膜はきわめて難溶性である．しかもきわめて薄く，それ以上ほとんど成長しないので可視光線を通す．このため金属の地金がさん然と輝いて見える．金を除けば，空気中では酸化しない金属はなく，酸化物皮膜すなわち不働態皮膜に覆われている．金属に耐食性があるかどうかは不働態皮膜の化学的強さによる．

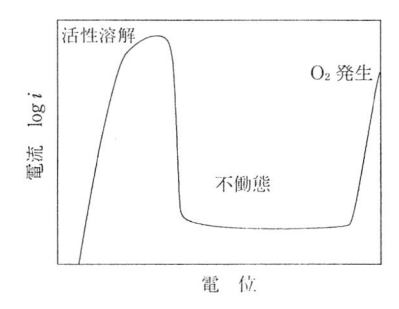

図 4.6 酸性溶液中での鉄のアノード分極曲線

示したまま推移する．図 4.6 に pH＝3 の硫酸水溶液中の鉄のアノード分極曲線を示してある．やがて電位が 1.3 V に達すると電流が再び上昇し，気泡の発生が観測され，水の電気分解による酸素ガスの発生が起こる．このときの電位と電流の関係はターフェル線を示している．途中なぜ電流が急激に低下するかということは，図 4.3 の鉄の電位-pH 図に当てはめてみればよく理解できる．図 4.3 の pH＝3 の位置で下から縦軸に平行に電位を上げて行くと，鉄イオンの濃度によるが，$[Fe^{2+}]$＝1 M なら－0.441 V で鉄の活性溶解が起こり，0.15 V 付近で Fe から生成する Fe_3O_4 の安定領域にぶつかる．この電位付近で鉄の表面に Fe_3O_4 層が形成するので，鉄の活性溶解は抑制される．この電位が図 4.6 の鉄の分極曲線の電流が急激に低下する電位とほぼ一致し，表面が酸化物に覆われることが原因である．このような状態を**不働態**（passive state）といい，活性溶解が起こっている状態を**活性態**（active state）という．活性態から不働態に移り，急激に電流が低下する現象を**不働態化**（passivation）という．またこの原因となる表面酸化物を**不働態皮膜**（passive film）と呼んでいる．さらに電位を上げて行くと 1.1 V では酸素発生の電位（破線）にぶつかる．図 4.6 の分極曲線上での酸素発生（1.3 V）はこの反応が不働態皮膜上で起こることを意味する．一般に不働態皮膜の厚さはきわめて薄い．電位にもよるが，鉄の不働態皮膜で 5 nm 程度，耐食性のあるステンレス鋼では 3 nm くらい，白金に至っては 1 nm かそれ以下である．このように不働態皮膜は薄いほどその金属の耐食

性がよい.

[ステンレス鋼]

鉄も不働態皮膜をつくるが,決して強いものではなく,酸の中では簡単に壊れて鉄が溶け出してくる.とくに塩化物イオンに弱く,酸化物は破壊されやすい.ところがクロムは鉄よりも卑な金属であるにもかかわらず強い酸にも良好な耐食性を示す.それは強固な酸化物皮膜 Cr_2O_3 を形成するためである.防食のためにクロムめっきをするのはこの理由による.しかし,クロムは一般には脆い金属でそのままでは材料としては使いにくい.そこで鉄とクロムを合金化し,両者の欠点を補ったのが,ステンレス鋼である.クロム成分を15%程度加えるとほぼクロムに匹敵する耐食性を与える.生成する不働態皮膜が薄いので,貴金属と同様に地金が輝いて見える.実際のステンレス鋼はさらに機械的性質の改善のためにニッケル成分を加え,18-8 ステンレス鋼(Fe-18%Cr-8%Ni)として実用化され,錆びない合金として流し台や鍋などとして身近に使われている.

しかし,クロムにも欠点がある.化学的に丈夫な Cr_2O_3 であっても分極により酸素発生電位近くまで上昇させたり,硝酸イオンのような強力な酸化剤(酸化還元電位の貴な物質)があると6価クロムとして溶けてしまう.

$$Cr_2O_3 + 4H_2O \longrightarrow Cr_2O_7^{2-} + 8H^+ + 6e^- \qquad E° = 1.212\ \text{V} \qquad (4.17)$$

このような現象を**過不働態溶解**(transpassive dissolution)という.強い酸化剤である硝酸は鉄やニッケルなどの金属を容易に不働態化するが,クロムを溶解させるので,クロムを含むステンレス鋼は硝酸中では耐食性をもたない.

4.1.6 環境による影響

腐食は金属の溶解などのアノード反応と水素の発生や酸素の還元のカソード反応の対で起こることを原理的に述べてきたが,もう少し広く捉えれば腐食とは金属とそれが曝されている環境との反応(電気化学反応)ということになる.実際の腐食環境はもう少し複雑である.温度,塩の種類,液の流れ,pH などの影響が顕著に現れる.

a. 温度

今までは25℃の標準状態で腐食を扱ってきたが,腐食が問題になる環境はむしろ高温である.平衡電位は25℃より大きく異ならなければネルンストの式(4.4)を近似的に使うと右辺第2項の係数が,25℃で $0.0296\ \text{V}\cdot\text{decade}^{-1}$ である

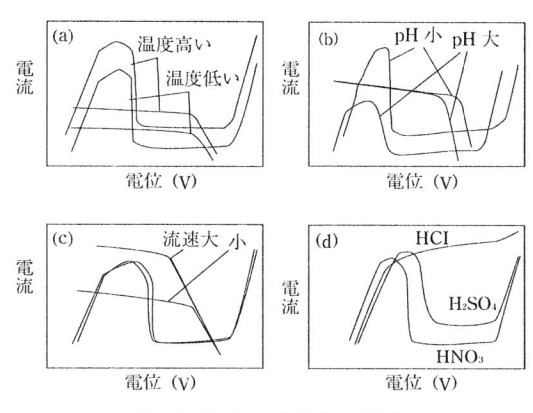

図 4.7 環境による腐食への効果
(a) 温度,(b) pH,(c) 流れ,(d) アニオン.

ものが 40°C で 0.0311 V・decade^{-1} であり,[Fe^{2+}] =1 M としてもわずか 1.5 mV しか変化しない.しかし,反応速度への影響は大きい.10°C 違うと反応速度は 2 倍になるといわれる.アノード反応,カソード反応ともに増加するので腐食速度(腐食電流)も同程度増大する(図 4.7(a)).

b. 溶液の pH

腐食系の電気化学反応への溶液の pH による効果は反応の形によって平衡電位と反応速度の双方に現れる.平衡電位の pH 依存性は電位-pH 図に示されている.図 4.3 の鉄の電位-pH 図で述べたように,式 (4.2) のような鉄が活性溶解する反応には pH 依存性はないが,プロトンや水酸化物イオンの関与する電気化学反応,多くは酸化物や水酸化物が関与する反応,たとえば,式 (4.10) の反応の平衡電位は pH 依存性をもち,0.0592 V・pH^{-1} の勾配で低下する(式 (4.11)).一方,水素発生反応,酸素還元反応も同様に 0.0592 V・pH^{-1} の勾配で低下する(式 (4.7)).また,酸化物や水酸化物などは酸性なほど溶解度が高く不安定となり,活性態での腐食が進行する.反応速度に対する pH 効果も考えられる.単なる鉄の溶解反応式 (4.2) でも詳細に検討すると pH 依存性があり反応速度そのものは pH が大きい方が速くなる.しかし,pH を大きくすると酸化物が安定な領域に入り不働態となりやすいので腐食の進行は抑えられる(図 4.7(b)).ところが,pH を大きくしすぎると酸化物はオキシアニオンの形で溶けるようになる.鉄の場合では図 4.3 の電位-pH 図にあるように pH 14 付近でオキ

シハイドロ鉄酸イオンとして溶解する．
$$Fe_3O_4 + 2H_2O + 2e^- \longrightarrow 3HFeO_2^- + H^+ \tag{4.18}$$
このように溶液のpHは大きくしても小さくしても腐食を進行させるファクターとなる．このpHの境界値は金属によって異なる．

図4.7 (b)はCuの酸素還元反応による腐食の模式的なエヴァンス図を示している．酸素カソード反応速度は拡散律速になる場合が多く，電流値はほとんどpHによらない．pHが小さい場合には部分アノード分極曲線と部分カソード分極曲線の交点は卑な電位側（活性態）にあり，腐食電流も大きい．一方，pHが大きい場合には，分極曲線の交点は不働態領域にあり，腐食電流も小さく，不働態化しやすいことを示している．

c. 液 の 流 れ

液が流れている場合と静止している場合を比較すると液の流れがある場合の方が腐食が進行するケースが多い．液の流動の効果は拡散現象に直接現れる．腐食系であれば酸素のカソード反応が速度を支配している場合に顕著である．拡散支配による定常電流は
$$I = nFD\frac{C^* - C_s}{\delta} \tag{4.19}$$
で与えられる．ここでDは拡散定数，Fはファラデー定数，C^*は電極から離れた沖合いでの濃度，C_sは電極近傍での濃度，δは拡散層の厚さ，nはその反応の電子数である．このうちδが流動の影響を受け，流れが層流であれば流れの速度vと次のような関係がある．
$$\delta = 3\,l^{1/2}v^{-1/2}\nu^{1/6}D^{1/3} \tag{4.20}$$
流れが乱流であれば
$$\delta \sim l^{0.1}v^{-0.9}\nu^{17/30}D^{1/3} \tag{4.21}$$
の関係が与えられている．ここでνは液体の動粘度であり，lは表面に沿った軸の電極の端からの距離である．いずれの場合も流速が大きいとδは小さくなり，式(14.19)にしたがって電流は増加する．銅の腐食を例とした流速による腐食電流の相違を図4.7 (c)に描いてある．

d. アニオンの種類による効果

酸やアルカリによる水溶液のpHの効果はプロトンの濃度によるものであるから原理的には酸の種類では違わないはずである．しかし，硫酸，塩酸，硝酸では

王水

濃塩酸と濃硝酸の混合液で，モル比が3：1のものがよく知られている．普通の酸には溶けない白金や金を溶かすことで知られている．これも電気化学反応である．強力な酸化剤である濃硝酸で酸化するのであるが，反応は次のように起こる．

アノード反応：$Pt + 4Cl^- \longrightarrow PtCl_4^{2-} + 2e^-$ (4.22)

カソード反応：$2NO^{3-} + 4H^+ + 2e^- \longrightarrow N_2O_4 + 2H_2O$ (4.23)

生成する白金イオンは塩化物イオンと錯塩をつくらないと水溶液中に溶解しないこと，錯塩を形成するとアノード反応にしたがう標準電極電位は 0.73 V と低下し，カソード反応の 0.803 V より卑となって反応が進行する．また，反応の原理は同じでも，材料が環境の中で自然に劣化する場合を"腐食"といい，酸化剤を用いて人工的に溶かす場合はエッチングとか酸洗といい区別している．

腐食の形態が異なる．それはプロトンばかりでなく酸を形成するアニオンが腐食反応に関わってくるからである．まず，酸には硝酸のようなアニオンが酸化剤となる酸化性の酸と，塩酸のような非酸化性の酸がある．硫酸は中間で普通の状態では非酸化性の酸として振舞うが，熱濃硫酸となると硝酸と同様に酸化性の酸として働く．硝酸は酸化剤となるので（希薄の場合は非酸化性の酸とみなされる），不働態化を促進する．非酸化性の酸ではpH効果そのものが現れるが，塩酸は違っている．塩化物イオンは金属イオンとの親和性が強く，錯塩を形成しやすい．そのため，酸化物皮膜を壊してしまうために不働態化を阻止する方向に働く．この働きは酸でなくても中性の塩化物溶液，すなわち海水でも不働態皮膜の破壊を引き起こす．海岸淵の鉄やアルミニウムでできた構造物が錆びやすいのはこの作用による．後で取り上げる局部腐食の起こる要因となる．弱酸であるギ酸や酢酸のような有機酸も腐食を促進する．これも金属イオンと錯体を形成し不働態皮膜が形成しにくいためである．図4.7（d）はステンレス鋼の1Nの硫酸，塩酸，硝酸中のアノード分極曲線の違いを表した図である．

4.2 局部腐食と形態

これまでは金属の表面が均一に腐食する場合のみ扱ってきた．このような腐食を**均一腐食**（homogeneous corrosion）という．しかし，実際の金属表面は多結晶であれば異なる結晶面が現れ，粒界が存在する．さらに微量な不純物や介在

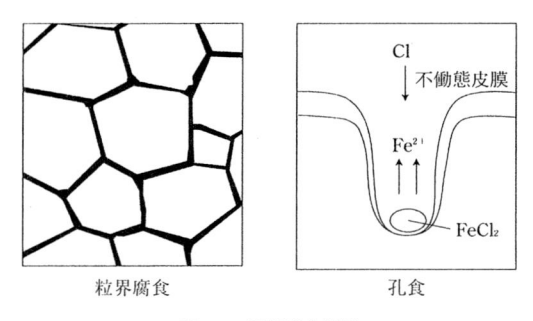

図4.8 局部腐食類型

物，多くの欠陥が存在する．場所によって表面エネルギーが異なるのでアノード反応とカソード反応が完全に分離したり，アノード反応自身も場所によって異なることもある．このように場所による不均一な腐食を**局部腐食**（local corrosion）という．局部腐食の典型的な型を次に取り上げる．

4.2.1 粒界腐食 (intergranular corrosion)

金属，合金は一般に多結晶なので粒界が存在する．粒界は結晶の乱れなのでエネルギー的に高いが，それ自身が腐食に影響することは少ない．しかし，粒界にはカーバイトのような微小の析出物が偏析しやすい．Fe-Cr合金ではクロムカーバイト $Cr_{23}C_6$ が偏析し，粒界付近はクロム濃度が低下するので耐食性が低下する．このため粒界に沿って腐食が起こりやすく，粒界を通じて劣化が進行する．これを**粒界腐食**という．図4.8にその様子を模式的に示した．これを抑えるためにはカーバイトが生成しないように不純物の炭素の濃度を極力下げれば避けることができる．実用合金の中にSUS 304 LというふうにLがついた製品名のステンレス鋼が市販されているが，low carbon（C<0.03質量%）の略である．

4.2.2 孔食 (pitting corrosion)

針の先ほどの小さな穴の開く腐食である．穴の幅はあまり大きくならず，深さ方向へと成長する．ついには貫通するので容器であればガスや液体が漏洩する原因となる．鉄やステンレス鋼など比較的不働態皮膜の丈夫な金属や合金に見られ，塩化物イオンが関与する．塩化物イオンは酸化物を破壊しやすく不働態皮膜が局部的に破壊されると下地の金属は皮膜を補修しようとする．このとき加水分

解反応によって酸化物を形成するためプロトンが生成し，近辺の溶液は次第に酸性になる．

$$Fe^{2+} + H_2O \longrightarrow Fe(OH)_2 + H^+ \tag{4.24}$$

酸性部分では下地金属の溶解が進み小さな穴となる．酸化物ができにくくなり，金属は溶け続けるので穴は成長する．穴の内部では塩化物イオンの濃縮と酸性化が進行し，とくに穴の先端部分は活性溶解を起こし不働態化しない．側壁は不働態化するので穴は深さ方向にのみ成長しやがて貫通する．この機構を図4.8に模式的に示す．孔食はステンレス鋼など不働態皮膜の比較的丈夫な金属に起こりやすく厄介な現象である．穴の底に金属塩化物が堆積している例も見られる．電気化学的には金属材料の種類と塩化物イオン濃度，pH，温度などの条件で決まる**孔食電位**（pitting potential）があり，この電位以上にならないと孔食は起こらない．孔食の数は 1 cm² あたりせいぜい数個から数十個しかできない．孔食の発生する起点として不働態皮膜あるいは下地金属の欠陥あるいは不純物が考えられているが，論理的に解決されるには至っていない．孔食を防止するには塩化物イオンを排除すればよいが，海水のようにそれができなければステンレス鋼に少量のモリブデンを添加する．なぜモリブデンが有効かは実のところよくわかっていない．チタンは孔食を起こさない金属として知られている．高価であるが最近では海岸建造物などに使われている．

4.2.3 隙間腐食 (crevice corrosion)

水道水などの比較的温和な環境で容器の奥の部分やパイプの継ぎ手，ボルト-ナットの隙間の奥が激しく腐食しているケースがある．外から見えないのでかなり進行してから発見される例が多い．液の流動がないために塩化物イオンが隙間の中で濃縮することが原因で起こる腐食であり，原理的には孔食と類似している．この様子を図4.9に示した．孔食との違いは，人工的に開いた穴があることから出発する点である．湯沸かし器の銅パイプが時々腐食するが，このタイプの腐食だといわれている．隙間腐食は孔食に比べ穏やかな条件でもゆっくりと進行するケースが多く，孔食電位に比べ卑な電位の**隙間腐食電位**が存在し，この電位以下では隙間腐食は起こらない．これを防止するには設計の段階で容器や管の中に液のよどみができるような隙間や穴をつくらないことが重要である．

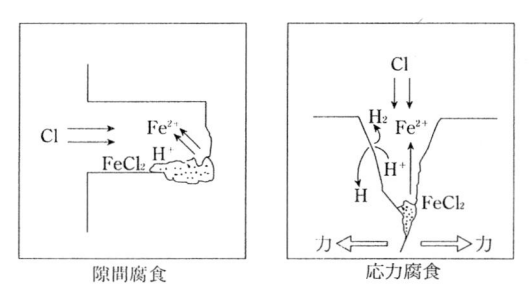

図4.9 局部腐食の類型

4.2.4 応力腐食割れ (stress corrosion cracking)

金属材料の強度が腐食環境で低下する．逆をいえば，力のかかっている材料の腐食劣化は速く進行する．とくに橋梁などの構造材料にとっては安全面から重大な障害となる．金属材料に亀裂が生ずるとその先端に現れた新生面が溶解する．とくに塩化物イオンが共存すると孔食と同様に先端のみ腐食する．腐食が起こると水素発生反応が起こるので発生した水素が亀裂先端に吸蔵され脆くなることもある（**水素脆性**）．いずれにしろ亀裂先端には応力集中が起こり亀裂は進展する．再び現れた新生面で溶解が起こる．この繰り返しが腐食を早めることになる（図4.9）．最近の研究では鋼の中に析出する微量の MnS のような介在物が起点となり，応力腐食が進行すると考えられている．

4.2.5 流動腐食 (erosion corrosion)

パイプの中を液体が流れている場合，流れの速い部分が早く錆びる現象で，給水管や配水管等の曲がった部分によく起こる．液が流れると拡散による酸素の供給速度が増加したり，形成される不働態皮膜の溶解速度が増す．あるいは浮遊物あるいは剥離した酸化物などの粒子が衝突すると機械的に表面を削るので，下地の金属が溶解するかあるいは不働態皮膜を補修する．このため腐食速度が増加するのである（図4.10）．これには流れが乱流にならぬよう曲率半径を極端に小さくしない，浮遊する粒子をトラップするなどの対策を講ずる．

4.2.6 接触腐食 (galvanic corrosion)

異なる金属を接触させるとその標準電極電位の相違から電池を形成し，アノー

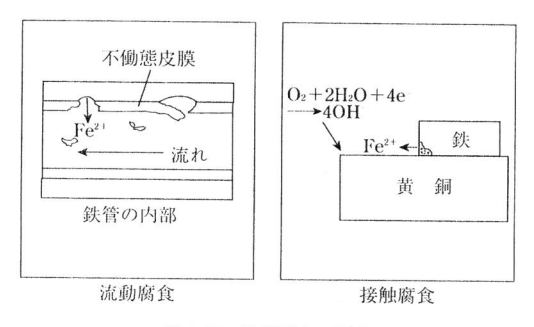

図 4.10 局部腐食の類型

ドとなる金属が溶解する．このような系をガルバニ電池という．このような例は比較的多く，異なる金属どうしのパイプの接続や異なる材質のボルトで固定するときに現れ，重大な事故につながることがある（図 4.10）．これを防止するためには金属どうしの電気的接続を避けることが必要で，絶縁体を両者の間に入れるか，電位のあまり異ならない金属どうしを選ぶ必要がある．

4.2.7 選択腐食（selective corrosion）

卑金属と貴金属のようなイオン化傾向の著しく違う金属を合金化すると，卑な金属のみ溶解してスポンジ状の層が形成され，材料の強度を失ってしまう現象である．この例に真鍮がある．真鍮は Zn と Cu の合金で Zn が 30〜40% 含まれている．加工性がよいので水系の管や蛇口，弁などに用いられている．塩化物イオンなどが多い，あるいは弱酸性の水などでは，時とすると Zn が選択的に溶解して網目状の銅が表面に残留する現象が観測される．ネジ山が崩れたり，弁の表面が変形したりする．

4.3 電気化学防食法

腐食は自発的な反応であり，金属は必ず腐食する．腐食を人為的に止めたり，速度を抑制することを防食という．腐食が電気化学反応に基づいて起こることを述べてきたが，それならば電気化学的手法を用いて防食することが可能なはずである．

4.3.1 腐食環境の調整

腐食は金属の溶解や酸化のアノード反応と水素発生や酸素還元などのカソード反応とのペアで起こることがわかった．すなわち，もしカソード反応を止めることができれば腐食は起こらないことになる．あるいは，起こったとしても電流を小さくすれば腐食はカソード支配となるので無視できる．カソード反応が水素発生反応であるような卑な金属では溶液のpHを大きくすると水素の平衡電位が卑の方向にずれ，アノード反応がpHにより変化しなければ，交点である腐食電流は低下する．この関係は図4.4から類推できる．自動車のラジエーター内の防食剤はpH 10程度のアルカリ性を保っている．一方，酸素消費型の腐食の例であるCuの腐食では，溶液中の溶存酸素を排除することにより停止できる．

4.3.2 犠牲アノード

鉄を防食する方法として鉄より卑な金属，たとえば亜鉛をカップルすると亜鉛がアノードとなって溶解し，鉄はカソードとなって水素発生が起こり，防食される．いわゆるイオン化傾向を利用した防食法である．この方法は古くから活用されており，鋼板の上に亜鉛をめっきしたトタン板として知られ，屋外の耐食材料

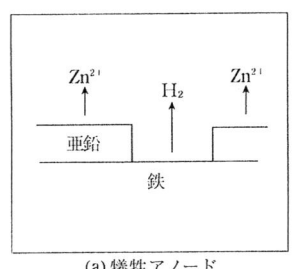

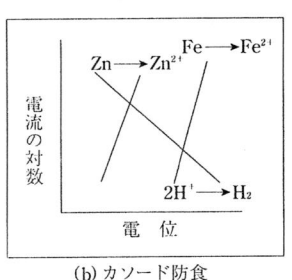

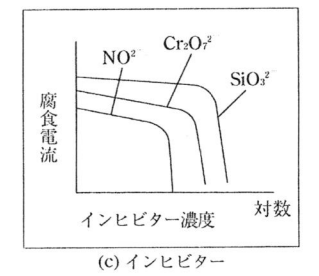

(a) 犠牲アノード

(b) カソード防食

(c) インヒビター

図4.11 電気化学的な防食法

や自動車等の塗装下地鋼板として多量に利用されている．トタンの利点は亜鉛が表面を完全に覆っていなくても亜鉛が残っている限り防食効果を失うことはないということである（図 4.11（a））．その他，黄銅製の船のスクリューの防食のため，亜鉛などを近くの船底に貼り防食している例もある．

4.3.3 カソード防食

犠牲アノードが卑な金属をわざとカップルして腐食系を形成し，目的の金属をカソードにして防食する方法であるのに対し，カソード防食は，目的の金属を直接電気化学的に分極してカソードにしてしまう方法である．そのためにはアノードとなる不溶性の補助電極との間に微小電流を流し，目的金属から水素を発生させる（図 4.11（b））．長時間海水に浸される港湾施設などはこの方法で防食されている．

4.3.4 インヒビター

腐食反応速度を抑制するために溶液中に少量の薬剤を添加する方法である．この薬剤を防食剤あるいはインヒビター（inhibitor）という．無機塩としては $Cr_2O_7^{2-}$，NO_2^-，SiO_3^{2-} などが金属溶解に抑制効果をもつ．このうち $Cr_2O_7^{2-}$ は公害規制により使用できない．図 4.11（c）に鉄に対するインヒビターの効果を示してある．N や S，O をもつ有機物も有効であり，チアゾール系化合物は銅の防食に，安息香酸は鉄の防食に効果があるといわれる．

5

電気化学を基礎とする表面処理

　材料表面に新しい機能を付与する表面処理技術が，種々の産業分野において利用されている．われわれが日常生活において使用している電化製品，OA 機器，自動車，建築材料などの製造においても，電気化学を基礎とする種々の表面処理技術が使用されている．たとえば，電子部品の製造では，電気化学的な表面処理技術である湿式めっき（電気めっき，無電解めっき）法が使用目的および素材に応じて使用されている．また，自動車や冷蔵庫・洗濯機などの家電製品の塗装および建築材料であるアルミニウムサッシの製造においても，装飾・防食を目的とした電着塗装法による塗膜およびアルミニウムのアノード酸化法による酸化皮膜が電気化学的な方法により成膜されている．これらの材料表面に新しい機能を付与する技術は，表面処理（surface treatment），表面技術（surface technology）と呼ばれ，材料の高機能化，長寿命化などの特性改善のために種々の産業分野において幅広く適用されている．さらに，これらの方法は低コストで高付加価値が得られることから，次世代産業を支える基盤技術の 1 つとして期待されている．

　本章では，代表的な電気化学を基礎とする表面処理技術である
　① 材料表面に他の物質の薄膜を形成して，目的とする表面特性を付与する湿式めっき（電気めっき，無電解めっき）法および電着塗装法
　② 材料の表面を化学変化させることにより，目的とする表面特性を付与するアルミニウムのアノード酸化法
について，必要となる電気化学の基礎と応用を紹介する．

5.1　湿式めっき法

　日常使用している装飾品や食器などに，金や銀がめっきされていることはよく

知られている．しかし，自動車，コンピュータ，テレビ，携帯電話などに使用されているほとんどの電子部品に，部品の高機能化・高信頼性などの要求に応じて種々の湿式めっき法が多用されていることはあまり知られていない．最近ではシリコン半導体デバイスの微細配線の形成にも湿式銅めっき法が適用されるようになってきた．このように，急速に進展する先端産業においても，湿式めっき法は重要な要素技術となってきている．

5.1.1 湿式めっきの目的と金属の特性

湿式めっきは，金属薄膜を対象物の表面上に形成する技術をいうが，通常は電気化学反応による機能性金属薄膜の形成をさす場合が多い．とくに，水溶液から金属を析出させる湿式めっき法である電気めっきと無電解めっきは，各種産業分野において重要な役割を占めるようになってきた．ここでは，とくにめっき技術を要素技術とする電子部品を中心に，要求されるめっき皮膜の特性を，表5.1に示す関連元素の周期表および物性から説明する．

a. 電 気 伝 導 性

電気伝導性については，周期表11族の銅，銀，金が優れ，これらの金属はいずれも比較的軟らかい．銀は比抵抗が金属の中で最も小さく，次いで銅，金である．このように，比抵抗が小さい性質は電気・電子配線材料として有用であり，電子機器の配線形成には経済性の観点から主に銅めっきが採用されている．半導体リードフレームでは一部，銀めっきが採用されている．

b. 電 気 接 点 特 性

電子機器の接点などの接触部品のめっきでは，接触電気抵抗が小さく，使用環境において表面に酸化物や硫化物などを生じにくい材料が必要になる．現在，工業的には主に金めっきが行われている．白金族元素も金と類似の特性があり，周期表9族のロジウムおよび周期表10族のパラジウムは，銀白色で融点が高く耐食性に優れ，硬度が高いことから耐摩耗性が必要とされる高負荷接点に使用されている．

c. ボンディング性

半導体素子の電極部とパッケージリードとを金または銀の極細線で熱圧着または超音波圧着する方法がワイヤーボンディングであり，電子部品の製造において不可欠な技術である．ボンディングを行う半導体素子の電極部とパッケージリー

表 5.1 めっきに関連する元素の周期表および物性

(数値：原子番号)

周期＼族	8	9	10	11	14
4	^{26}Fe	^{27}Co	^{28}Ni	^{29}Cu	
5	^{44}Ru	^{45}Rh	^{46}Pd	^{47}Ag	^{50}Sn
6	^{76}Os	^{77}Ir	^{78}Pt	^{79}Au	^{82}Pb

族	元素	密度 ($g \cdot cm^{-3}$)	融点 (℃)	比抵抗 ($\mu\Omega \cdot cm$)	ビッカース硬さ($kg \cdot mm^{-2}$) 溶 製	めっき
8	Fe	7.9	1535	9.71	100〜300	120〜 500
9	Co	8.9	1495	6.24	100〜300	180〜 400
10	Ni	8.9	1455	6.84	100〜300	180〜 600
8	Ru	12.2	2250	7.3	200〜450	800〜 900
9	Rh	12.4	1963	4.7	100〜300	800〜1000
10	Pd	12.2	1554	10.8	40〜110	300〜 400
8	Os	22.5	2700	9.5	300〜670	
9	Ir	22.4	2447	5.3	200〜550	
10	Pt	21.5	1772	10.6	40〜110	300〜 400
11	Cu	8.9	1085	1.67	70〜120	50〜 300
11	Ag	10.5	962	1.6	23〜 30	60〜 100
11	Au	19.3	1064	2.3	20〜 60	65〜 250
14	Sn	7.3	232	12.8	4〜 10	8〜 30
14	Pb	11.3	328	20.6		

ド部には，通常，電気めっきや無電解めっきが行われ，ボンディング用めっき皮膜としては軟らかく，表面に酸化物皮膜などを形成しにくく，加熱接合性があるなどの特性が要求される．これらの要求を満たすめっきとして，金または銀めっきが採用されている．

d. はんだ付け性

電子部品間の電気的接続には，ほとんどの場合にはんだ接合が採用されている．近年，はんだ接合は電子部品の製造における要素技術の1つであり，実装工学としての学問分野が形成されつつある．はんだ接合とは，接合しようとする金属間に低融点の金属および合金を融解状態で流し，凝固とともに接合を行うことをいう．周期表14族のスズと鉛は低融点金属であり，スズ-鉛合金はさらに低い融点を示し，電子部品間のはんだ実装に不可欠な材料である．スズ-鉛の混合比により融点が異なり，共晶組成であるスズ61.9%-鉛38.1%の合金の融点は

183°Cと低い．しかし鉛が有害であることから，最近では環境保全の観点から鉛フリーはんだ（スズ-銀-銅合金系）の開発が進み，実用化されるようになってきた．

通常，はんだ接合をする部品の表面は，はんだ付けを容易にするため，あらかじめはんだ付け性の優れためっきを施す場合が多い．はんだ接合の機構から，めっき皮膜は，可融性めっき皮膜，可溶性めっき皮膜，および非融性非溶性めっき皮膜の3種類に分類される．スズおよびスズ-鉛合金めっき皮膜（現在，鉛フリーはんだ接合に対応するめっき皮膜として，スズ-銀，スズ-ビスマスなどの合金めっきが使用されるようになってきた）は，はんだ接合温度で融解状態となり，これらは可融性めっき皮膜に分類される．金，銀，亜鉛，銅めっき皮膜は，はんだ接合温度では溶融しないが，はんだ中に速やかに拡散溶解することから可溶性めっき皮膜に分類される．可融性めっき皮膜および可溶性めっき皮膜では，はんだ接合はめっき皮膜の表面ではなく，素地金属表面またはめっき皮膜内部で形成されることになる．すなわち，酸化物や表面汚染などが少ない清浄な部分で接合されるので，はんだとの接合が完全に形成される．これに対して，ニッケルや鉄めっき皮膜は融点が高く，はんだ中への拡散溶解がほとんどないことから非融性非溶性めっき皮膜と呼ばれる．これらのめっき皮膜とはんだとの接合は，めっき皮膜表面で起こるので，酸化物皮膜が形成される前，すなわち，めっき直後か表面活性化直後でないと良好なはんだ付け性が得られない．また，銅や銀めっき皮膜の場合にも，これらの金属が酸化物を形成しやすいため，はんだ接合が困難になる．このため，銅およびニッケルめっき後，連続して薄い金めっきを施す場合が多い．金めっきは酸化物の形成がなく，下地めっき金属を保護し，はんだ接合時に速やかにはんだに溶解する性質があるので，はんだ接合する電子部品のほと

地球環境保護とめっき

スズ-鉛系はんだ接合は，電子部品間の接合において重要な技術である．しかし，廃棄された電化製品や自動車などに使用されているスズ-鉛はんだからの鉛の溶出による地下水・河川水の汚染，体内摂取が懸念されるようになってきた．環境政策の三原則は，汚染者負担，未然防止，生産者責任であり，地球環境保護に立脚した問題解決が必要になる．現在，スズ-鉛合金の代替として，低融点共晶合金であるスズ-ビスマス系，スズ-銀系，スズ-亜鉛系合金の使用が検討され，これらの鉛フリーはんだ接合に対応する鉛フリーはんだめっきプロセスが研究開発されている．

表 5.2 標準電極電位 $E°$（水溶液系，25°C）

電極反応	$E°(V)$	電極反応	$E°(V)$
$Al^{3+} + 3e^- \rightleftarrows Al$	-1.662	$2H^+ + e^- \rightleftarrows H_2$	0.000
$Zn^{2+} + 2e^- \rightleftarrows Zn$	-0.763	$Cu^{2+} + 2e^- \rightleftarrows Cu$	0.337
$Fe^{2+} + 2e^- \rightleftarrows Fe$	-0.440	$Ag^+ + 2e^- \rightleftarrows Ag$	0.799
$Ni^{2+} + 2e^- \rightleftarrows Ni$	-0.228	$Pd^{2+} + 2e^- \rightleftarrows Pd$	0.915
$Sn^{2+} + 2e^- \rightleftarrows Sn$	-0.138	$Pt^{2+} + 2e^- \rightleftarrows Pt$	1.19
$Pb^{2+} + 2e^- \rightleftarrows Pb$	-0.129	$Au^+ + e^- \rightleftarrows Au$	1.68

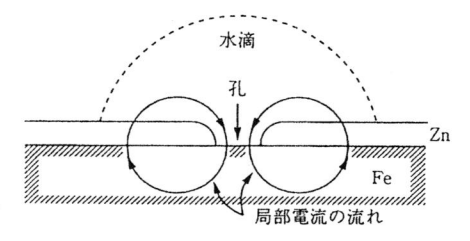

(a) 鉄素材より卑な亜鉛のめっき（孔ができても鉄素材は腐食しない）

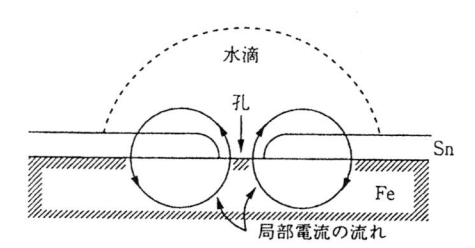

(b) 鉄素材より貴なスズのめっき（孔ができると鉄素材が腐食する）

図 5.1 めっきされた鉄素材の腐食原理の模式図

んどが，最終的に金めっきが適用されている．

5.1.2 めっきの目的と標準電極電位との関係

めっき皮膜の形成およびめっき製品の性質には，表 5.1 に示した元素の物性の他に，表 5.2 に示した標準電極電位がきわめて重要な因子となる．標準電極電位が大きな負の値をもつ金属は，イオン化傾向が大きく，金属イオンとして溶液に溶出しやすい卑な金属である．一方，標準電極電位が大きな正の値をもつ金属

は，安定な金属であり貴な金属である．

鉄鋼（鉄と炭素の合金）材料は安価で優れた機械的強度をもつことから，構造材料として使用されているが，鉄の標準電極電位は-0.440 Vと卑であり，大気中に放置した場合にいわゆる赤錆（鉄の酸化物 Fe_2O_3）を発生する．これを防ぐ目的で，亜鉛およびスズをめっきした鋼板が，それぞれトタン板およびブリキ板として使用されている．しかし，これらの防食作用はまったく異なる．腐食の機構を図5.1に示す．鋼板に亜鉛めっきしたトタン板では，亜鉛の標準電極電位が-0.763 Vであり，素材の鉄の標準電極電位が亜鉛よりも貴な-0.440 Vであるため，腐食環境下において亜鉛が優先的に腐食することにより素材の鉄の腐食を防ぐ．このような亜鉛の作用を犠牲防食作用といい，自動車，船舶，各種機械構造物，建築材料などの鉄鋼素材の防食に広く用いられている．一方，鋼板にスズめっきしたブリキ板では，スズの標準電極電位が-0.138 Vであり鉄の標準電極電位よりも貴なため，鉄素材が空気中の酸素や水と接触し腐食することを防ぐバリアとして作用する．しかし，スズめっき層に素材に達するような傷がある場合には，素材の鉄鋼が優先的に腐食し，外観および機械的強度が急速に劣化することになる．

以上のように，湿式めっきの工業的な応用においては，使用目的および使用環境を十分考慮し，めっき金属を選択することが重要である．

5.1.3 電気めっきと無電解めっきの原理

湿式めっき法には，① 外部直流電源を用い水溶液中の金属イオンのカソード還元により金属薄膜を形成する電気めっき（electrodeposition, electroplating）

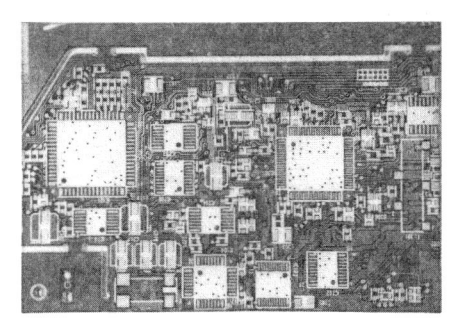

図 5.2　プリント配線板

(a) 電気銅めっき

アノード反応：Cu → Cu^{2+} + 2e
カソード反応：Cu^{2+} + 2e → Cu

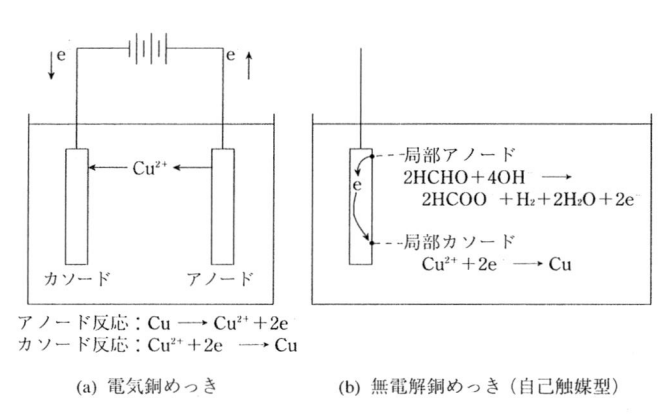

(b) 無電解銅めっき（自己触媒型）

局部アノード
2HCHO + 4OH → 2HCOO$^-$ + H$_2$ + 2H$_2$O + 2e$^-$

局部カソード
Cu^{2+} + 2e → Cu

図 5.3 電気銅めっき（a）と無電解銅めっき（b）の原理図

と，②外部直流電源を用いずに水溶液中に添加した還元剤のアノード酸化反応を利用する無電解めっき（chemical deposition, electroless plating）がある．電子機器において人体の血管・神経回路に相当するプリント配線板（図5.2）の製造では，比抵抗の小さい銅回路の形成に，電気銅めっきと無電解銅めっきが使用されている．ここでは銅めっきを例に，電気めっきと無電解めっきの特徴を述べる．

a. 電気めっきの原理

電気銅めっきでは，図 5.3（a）に示すように，硫酸銅と硫酸の水溶液中に銅アノードと被めっき物であるカソードを浸し，外部直流電源から直流を印加する．溶液中で硫酸銅と硫酸はそれぞれ解離して，Cu^{2+}，H$^+$，HSO$_4^-$，SO$_4^{2-}$ イオンとして存在している．電子は溶液中に入り込めないので，溶液中では電流はこれらのイオンの移動により運ばれる．被めっき物であるカソードに直流電源から電子が運ばれて，溶液中の Cu^{2+} イオンを還元して金属銅が析出し銅皮膜が形成される．これがカソード反応（Cu^{2+} + 2e$^-$ → Cu）である．一方，銅アノードでは逆の現象が起こる．すなわち，銅アノードと溶液の界面でイオン化反応が起こり，銅は電子を放出して Cu^{2+} イオンとして溶液中に溶け出す．これがアノード反応（Cu → Cu^{2+} + 2e$^-$）であり，放出された電子はアノードと導線を経て直流電源の端子に入る．このように電気めっきでは，外部直流電源が必要であり，被めっき物は導電体に限定される．また，電流は等電位面に垂直に流れることから，限られた場合を除いて電極面上での電流分布は不均一であり，たとえば矩形の平板に電気めっきすると角や辺では皮膜が厚くなる．凹凸がある複雑な形状の被め

っき物では，電流分布がさらに不均一になり，電流密度の高い凸部では皮膜が厚くなり，電流密度の低い凹部では皮膜が薄くなる．電気めっきにより均一な厚さの皮膜を形成するには，特別の工夫が必要であり，複雑な形状の被めっき物に均一な皮膜を形成することは難しい．一般に電気めっき浴の構成は比較的単純であり，カソードでの銅析出により消費されるCu^{2+}イオンは銅アノードの溶解により供給されるため，長時間の電解を行った場合においても，浴の基本組成がほとんど変化することがないので浴管理が容易である．

b. ファラデーの法則とめっきの電流効率

電気めっき反応では，電解槽を流れる電気の量は，析出あるいは溶出する金属量と密接な関係があり，ファラデーの法則が重要となる．すなわち，電気めっき反応においては電解槽に流れる電気量を測定することにより，目的の金属の析出量あるいは溶出量を算出することができる．電子 1 mol （6.022×10^{23}）のもつ電気量は 1 ファラデーと呼ばれ，96485 C （C＝A·s）の電気量に相当し，ファラデー定数（F）は 96485 C·mol^{-1} と定義される．ファラデーの法則は次式を用いて表すことができる．

$$m = \{(It)/F\}M/n = (Q/F)M/n \tag{5.1}$$

ここで，m は電極上で反応した物質の質量 [g]，I は通過した電流 [A]，t は電流の流れた時間 [s]，Q は通過した電気量 [C]，M は反応種の原子量，分子量あるいは式量などであり，n は反応に関与する電子の数である．なお，M/n は化学当量と呼ばれ，これを F で除した M/nF は電気化学当量と呼ばれる．

たとえば，金属塩の水溶液を入れた電解槽を直列につなぎ，1 A の電流を 26.8 時間通じると，カソードで析出する金属量はその金属の原子量を反応に関与する電子の数で除した化学当量に相当する．電解槽を流れる電気量は電量計により正確に測定することができる．

電解反応では電極上で 1 種類の反応だけが起こることは一般にまれである．めっき反応では金属の析出反応と水素発生反応あるいは添加剤などの有機物の還元反応が同時に起こる場合が多い．このような場合，目的の金属の析出反応に用いられた電気量の，全電気量に占める割合が重要であり，その割合を電流効率と呼ぶ．電流効率は，所定のめっき厚さが必要となる場合にはとくに重要である．一定電流で所定時間めっきした場合，通電量がわかっているのでファラデーの法則よりその理論析出量を知ることができる．さらに，そのめっきの電流効率がわか

れば実際のめっき析出量を求めることができる．しかし，電流効率（E_{eff}）[%] は，電流密度（i），めっき時間（t），浴温，浴組成などのめっき条件の影響を受けて変動するため，めっき条件と電流効率との関係をあらかじめ求めておく必要がある．電流密度と電流効率を用いてめっきの厚さ l を表すと

$$l = \frac{itk_f E_{\text{eff}}}{100} \tag{5.2}$$

となる．k_f は金属の原子量，密度，イオンの荷数によって決まる定数である．

c. 無電解めっきの原理

電気めっきでは，外部直流電源から供給された電子によって電極界面の金属イオンが還元されて析出する．これに対して，無電解銅めっきでは図5.3（b）に示すように，ホルムアルデヒドなどの還元剤が触媒表面で酸化するときに放出される電子によって Cu^{2+} イオンが還元析出され，銅皮膜が形成される．たとえば，プリント配線板の製造において使用される無電解銅めっきでは，パラジウムや銅などの触媒活性を有する金属上でホルムアルデヒドが酸化されてギ酸になり，このときに放出される電子により Cu^{2+} イオンが還元され，銅皮膜が形成される．

$$\text{局部アノード反応：} 2HCHO + 4OH^- \longrightarrow 2HCOO^- + H_2 + 2H_2O + 2e^- \tag{5.3}$$

$$\text{局部カソード反応：} Cu^{2+} + 2e^- \longrightarrow Cu \tag{5.4}$$

無電解めっきでは，同じ電極表面上で上記の2つの局部反応が起こる．この様子を図5.4に電流-電位曲線を用いて示す．無電解めっきが進行している電極上では，カソード電流とアノード電流の大きさが相等しく，この条件に適合する電極電位を示す．これを混成電位と呼んでいる．めっき速度は，混成電位におけるカソード電流密度（＝アノード電流密度）に依存し，これらの反応がめっき浴組成，浴条件によってどのように変化するかをあらかじめ知っておくことが，めっき速度の管理において重要である．無電解めっきでは，電気めっきと違って浴中を電流が流れない．そのた

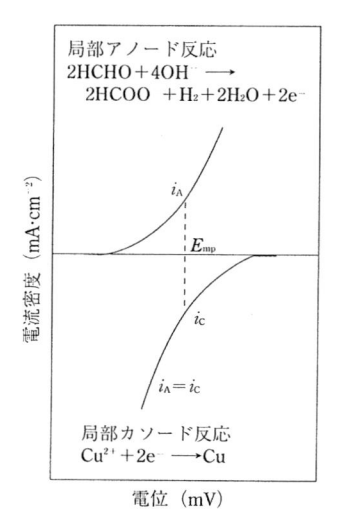

図5.4 無電解銅めっきの局部反応と混成電位（E_{mp}）

表5.3 還元剤の標準電極電位 $E°$（25℃）

酸性溶液	$E°$（V）
$H_3PO_2 + H_2O \rightleftharpoons H_3PO_3 + 2H^+ + 2e^-$	-0.50
$N_2H_5^+ \rightleftharpoons N_2 + 5H^+ + 4e^-$	-0.23
$HCHO + H_2O \rightleftharpoons HCOOH^+ + 2H^+ + 2e^-$	0.056
アルカリ性溶液	$E°$（V）
$H_2PO_2^- + 3OH^- \rightleftharpoons HPO_3^{2-} + 2H_2O + 2e^-$	-1.57
$2HCHO + 4OH^- \rightleftharpoons 2HCOO^- + 2H_2O + H_2 + 2e^-$	-1.37
$BH_4^- + 8OH^- \rightleftharpoons BO_2^- + 6H_2O + 8e^-$	-1.24
$N_2H_4 + 4OH^- \rightleftharpoons N_2 + 4H_2O + 4e^-$	-1.16

め，導電体のみならずプラスチックやセラミックのような非導電体にも成膜することができる．また，めっき厚さの分布が品物の形状によって影響を受けず，均一厚さの皮膜を形成することができる．ただし，めっき反応の進行に伴い，金属イオンや還元剤が消耗するため，逐次補給する必要があり浴管理が難しい．

無電解めっきにおいても，標準電極電位は重要である．標準電極電位の貴な金属イオンほど還元は容易であり，たとえば，金，白金，銅などのイオンは比較的還元力の弱い還元剤によって金属にまで還元される．一方，ニッケルやコバルトなどの無電解めっきでは，標準電極電位が卑であるため，還元力の強い還元剤を必要とする．一般的に，金属イオンと還元剤の標準電極電位（表5.3）の差が大きいほど反応は起こりやすく，反応速度も速い．また，還元剤が析出した金属上で酸化反応を起こす自己触媒性が重要である．

ここに述べた無電解めっきは，自己触媒めっき（化学めっき）とも呼ばれる．この他に置換反応や不均化反応を利用した無電解めっきもある．たとえば，金イオンを含む溶液にニッケルめっきした部品を浸すと，標準電極電位の卑なニッケルが溶出し，金の薄膜が置換析出する．

5.1.4 湿式銅めっきの先端分野における応用例

シリコン半導体デバイスの多層配線には，従来よりRIE（reactive ion etching）によるアルミニウム系合金配線が用いられてきた．しかし，マイクロプロセッサ機能の高度化・高速度化が要求されるようになり，LSIの高集積化，高性能化に伴い配線は微細化・多層化してきた．このような配線の微細化による配線断面積の減少に伴い配線抵抗が増大する．配線抵抗と配線容量の積で表される配

線遅延は，LSI の性能を決定する要因となる．また，配線断面積の減少は電流密度の増大につながり，発熱量の増大に伴い配線金属がシリコンおよび SiO_2 中に拡散移動するエレクトロマイグレーション（EM）を生じやすくなる．

銅の比抵抗は $1.67\mu\Omega\cdot cm$（20℃）であり，アルミニウムの $2.69\mu\Omega\cdot cm$（20℃）に比較して小さく，約1桁高い EM 耐性を有することから，LSI 配線材料としての適用が検討されてきた．1997 年，IBM は銅デュアルダマシン 6 層配線技術を発表し，翌年に銅配線を使用した CMOS（copper metal oxide semiconductor）の生産を開始した（図 5.5）．銅デュアルダマシンは，下層配線とのコンタクトホールと上層配線用トレンチ（配線溝）を同時に形成し，バリア層（PVD 法によるタンタルまたはチタンの窒化物）の形成，PVD 法による銅シード層の形成，電気銅めっきによる銅の埋め込み後，トレンチから突出した銅と表面バリア層を CMP（chemical mechanical polishing）により研磨除去するプロセスである（図 5.6）．現在，銅微細配線の形成には電気めっき法の適用が主に検討されているが，無電解めっき法の適用の可能性がある．たとえば，次世代の三次元配線への適用に関しては，無電解めっき法の適用が有利である．電気めっき法または無電解めっき法による銅微細配線の形成は，高価な装置を必要とせず生産性も優れている．

a. 電気銅めっきプロセスによる LSI 微細配線の形成

電気めっき法は生産性に優れ，電析銅膜がスパッタ膜に比べて結晶子の大きさが大きくジャイアントグレインが形成されることから，EM 耐性においても非常に有利である．現在，プリント配線板のスルーホールめっきに使用されている酸

・・・電気分解／電池と電気めっき／無電解めっき・・・

電気エネルギーを与え付加価値の高い生成物を得ることを目的とするのが電気分解である．一方，化学（反応）物質 A が反応して生成物質 B が得られるときに発生する電気エネルギーを得ることを目的とするのが電池である．電気めっきは，外部直流電源から電気エネルギーを与えることにより得られた電子により電極界面の金属イオンが還元析出することから電気分解である．一方，無電解めっきは，ホルムアルデヒド，ホスフィン酸塩などの還元剤（反応物質 A）が触媒表面で酸化し酸化生成物（生成物質 B）に変化するときに放出される電子により金属イオンを還元析出することから，電池反応や腐食反応によく似ている．

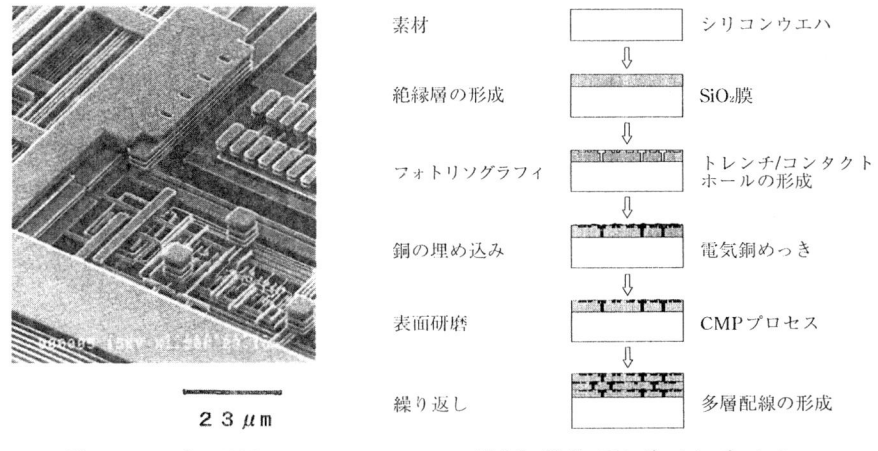

図 5.5 IBM 社 CMOS

図 5.6 銅デュアルダマシンプロセス

表 5.4 代表的な電気銅めっき（酸性硫酸銅めっき）浴の組成

硫酸銅	$0.24\ \mathrm{mol \cdot L^{-1}}$
硫　酸	$1.80\ \mathrm{mol \cdot L^{-1}}$
ビス（3-スルホプロピル）ジスルフィド（SPS）	$1\ \mathrm{mg \cdot L^{-1}}$
ヤーヌスグリーン B（JGB）	$2\ \mathrm{mg \cdot L^{-1}}$
ポリエチレングリコール（PEG, MW 3350）	$300\ \mathrm{mg \cdot L^{-1}}$
塩化物イオン	$50\ \mathrm{mg \cdot L^{-1}}$
浴　温	$25°\mathrm{C}$

性硫酸銅浴の一例を表 5.4 に示す．この浴は従来の浴に比べて硫酸銅濃度が低く，硫酸濃度が高い．これに伴い，浴の導電性が改善され均一電着性が向上する．しかし，LSI 銅配線の形成においては，銅シードの溶解の抑制およびビアフィリング（コンタクトホールやトレンチへの銅の充填）を目的とした，硫酸銅の高濃度化，硫酸の低濃度化が検討されている．添加剤は表 5.4 に示した組み合わせであり，微量の塩化物イオンを併用することにより，外観，機械的性質およびレベリング（微小な凹部を埋める作用）などの優れた銅皮膜が得られる．酸性硫酸銅浴における銅電極のカソード分極曲線に及ぼす添加剤の影響を図 5.7 に示す．ポリエチレングリコール（PEG）は銅電析反応の反応中間体である Cu^+ を捕捉しポリカチオンを形成する．これが銅電極表面に特異吸着した塩化物イオン（Cl^-）との静電的相互作用により，とくに銅電極表面に単分子層程度に吸着し，

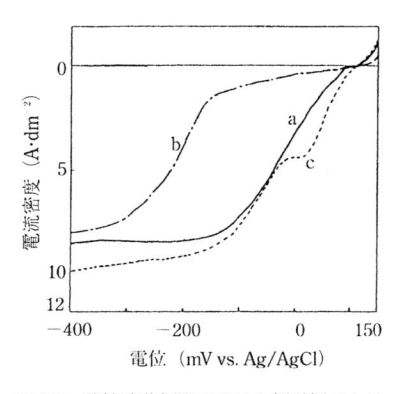

図 5.7 酸性硫酸銅浴における銅電極のカソード分極に及ぼす添加剤の影響
(a) 添加剤無添加（基本浴），(b) 基本浴＋PEG＋Cl⁻，(c) 基本浴＋SPS＋JGB．

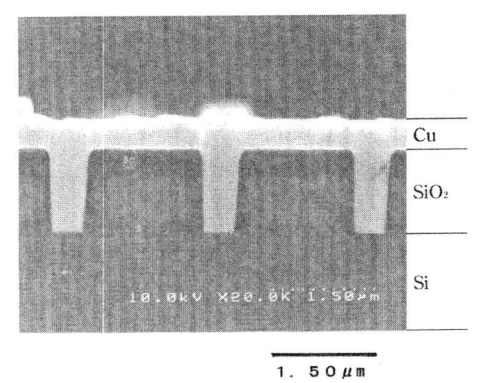

図 5.8 電気銅めっき後のコンタクトホール断面

この部位の銅析出を抑制する．一方，ビス（3-スルホプロピル）ジスルフィド（SPS）に代表される有機硫黄化合物は，貴な電位領域（凹部）において銅電極表面に吸着し水素吸着を疎外することにより，この部位における銅析出を促進する．これらの添加剤を併用することにより，ボイド（ウエハ表面における銅析出が優先するアンチコンフォーマルな析出により生じるコンタクトホールやトレンチ底部の空隙），およびシーム（ウエハ表面とコンタクトホールおよびトレンチ内の銅の析出速度が等しいコンフォーマルな析出により生じる間隙）を生じることなく微細なコンタクトホールやトレンチ内に銅の充填が可能になる．

ウエハ表面の SiO_2 絶縁層に形成されたコンタクトホールに銅を充填した結果を図5.8に示す．この図からも明らかなように，ボイドやシームを生じることなく，微細なコンタクトホール内に銅が完全に充填される．析出した銅皮膜は面心立方構造（fcc）の最密充填面である（111）面の優先配向を示し，結晶子が30 nm程度と大きいことから，優れたEM耐性が期待される．また，皮膜の比抵抗も $1.8\mu\Omega\cdot cm$（20℃）と小さい値を示す．

b. 無電解銅めっきプロセスによる LSI 微細配線の形成

無電解めっきは，析出速度は遅いが複雑な表面形状を有する材料に均一な厚さの皮膜を得るには有利な方法である．しかし，銅微細配線形成への現行の無電解銅めっきの適応には多くの問題がある．

プリント配線板の製造に使用されているホルムアルデヒドを還元剤とするEDTA錯体浴からの無電解銅めっきを用いた，LSI銅微細配線の形成方法が報告されている．しかし，発癌性のあるホルムアルデヒド，およびわが国においても使用規制が懸念されるEDTAを主成分とする現行の無電解銅めっきの使用は，環境対応上の問題がある．また，浴のpHが高く，多量のNa^+などのアルカリ金属イオンを含有することもLSI製造では問題となる．さらに，現行の無電解銅めっきでは，次式にしたがって1molの銅の析出に伴い，1molの水素ガスが発生する．

$$Cu^{2+} + 2HCHO + 4OH^- \longrightarrow Cu + 2HCOO^- + H_2 + 2H_2O \qquad (5.5)$$

微細なコンタクトホールやトレンチ内に銅を埋め込むLSI銅微細配線では，コンタクトホール内への水素ガスの付着による配線中へのボイド形成が懸念される．

上述の問題を解決するためには，現行の無電解銅めっきとは異なる構成成分および析出機構に基づく新規な無電解銅めっき浴の開発が必要となる．すなわち，LSI銅微細配線の形成に対応する無電解銅めっき浴としては，環境対応上問題のあるホルムアルデヒドを含めて，無電解めっきにおいて使用されている代表的な還元剤である，水素化ホウ素化合物，ホスフィン酸塩およびヒドラジンなどの水素原子の引き抜きを伴う酸化反応が生じる還元剤の使用は，金属の析出に伴い水素ガスを発生する可能性があることから，その使用を避ける必要がある．Vaskelisらは，Co(II)化合物を還元剤とするエチレンジアミン錯体浴からの無電解銅めっきを提唱している．この浴では，次式の反応によりCo^{2+}の酸化に伴いpH 6〜7付近で銅が析出する．

$$Cuen_2^{2+} + 2Coen_2^{2+} \longrightarrow Cu + 2Coen_3^{3+} + en \qquad (5.6)$$

筆者らはVaskelisらの基本概念を参考に，銅の析出速度に及ぼす浴組成因子の影響を検討し，表5.5に示した浴組成およびめっき条件を見出した．本浴からは，アスコルビン酸の添加により析出銅皮膜の溶解反応が抑制され，$2\mu m\cdot h^{-1}$程度の析出速度で銅皮膜が析出する．また，2,2'-ビピリジルの添加は銅の異常析出を抑制する．基本浴の電位-pH図を概算した結果，pH 7付近においてCo^{2+}の酸化反応に伴い供出される電子により，Cu^+から銅が析出する可能性が示唆される（図5.9）．本浴では銅の析出に伴う水素ガスの発生は皆無であり，水素ガス泡の付着に伴う配線中へのボイド形成を懸念する必要がない．また，浴組成からも明らかなように，有害物質の揮散もないことから作業環境上の問題もなく，

表 5.5 Co^{2+}化合物を還元剤とする中性無電解めっき浴の組成

塩化銅(II)	0.05 mol·L^{-1}
硝酸コバルト(II)	0.15 mol·L^{-1}
エチレンジアミン	0.60 mol·L^{-1}
アスコルビン酸	0.01 mol·L^{-1}
2,2′-ビピリジル	20 mg·L^{-1}
pH	6.8
浴温	50°C
液負荷	40 cm^2·L^{-1}

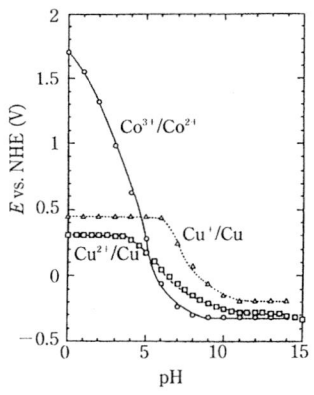

$C_{Co^{2+}}=0.135$ mol·L^{-1}, $C_{Co^{3+}}=0.015$ mol·L^{-1}
$C_{Cu^{2+}}=0.05$ mol·L^{-1}, $C_{Cu^{+}}=0.05$ mol·L^{-1},
$C_{en}=0.6$ mol·L^{-1}

図 5.9 Co^{2+}化合物を還元剤とする中性無電解銅めっき浴系の電位-pH図

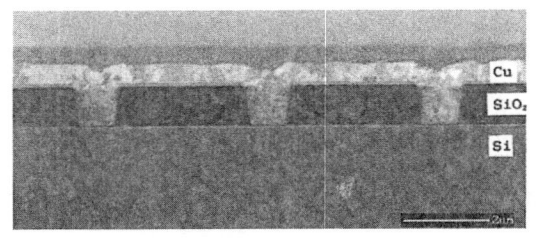

図 5.10 Co^{2+}化合物を還元剤とする中性無電解銅めっき浴から析出した銅のコンタクトホール断面

中性付近で銅が析出することから，浴構成上 NaOH や KOH などのアルカリの添加を必要としない．

ウエハ表面の SiO_2 絶縁層に形成されたコンタクトホールに，本浴から銅を充填した試料の断面写真（図 5.10）からも明らかなように，10 分間の処理により銅が完全に充填されることがわかる．析出した銅皮膜は fcc 構造の最密充填面である (111) 面の優先配向を示し，40 nm 程度の結晶子の大きさを有することから，優れた EM 耐性が期待される．また，皮膜の比抵抗も $1.8\mu\Omega\cdot cm$ (20℃) と小さい値を示す．

5.2 電着塗装

自動車ボディの塗装では，ドアー内面や下回りなどの複雑に入り組んだ部位には通常の塗装方法が適用できない．このような部位はとくに発錆しやすく，細部にまで均一な厚さの塗装が必要になる．電着塗装（electrocoating）は，1950 年代にアメリカのフォード社において実用化された方法であり，今日，生産される自動車にこの方法が採用されている．この方法は，水溶性の塗料あるいはエマルジョン塗料に金属電極と被塗装材料を浸し，金属電極と被塗装材料の間に電圧を印加し，塗料を被塗装材料表面に析出させたのち焼き付ける．概略を図 5.11 に

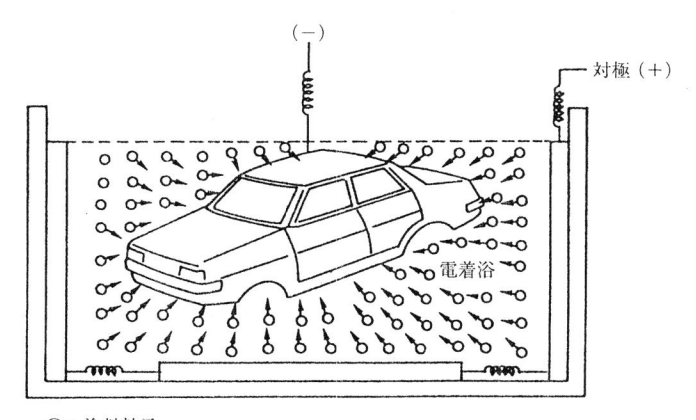

○：塗料粒子
→：泳動方向

図 5.11　電着塗装の概略

示す．被塗装材料をカソードとし正に帯電した塗料を電着するカチオン電着塗装と，被塗装材料をアノードとし負に帯電した塗料を電着するアニオン電着塗装がある．現在，カチオン電着塗装が主流であり，代表的なエポキシ樹脂系塗料を用いるカチオン電着塗装の特徴および原理を以下に示す．

5.2.1 電着塗装の特徴

電着塗装の用途は，主に自動車のボディであるが，建材および冷蔵庫や洗濯機等の家電製品の外装にも使用されるようになってきた．通常の塗料の塗装に比較して，電着塗装には下記の特徴がある．
① 塗料溶液の粘度が低く，塗料分子が複雑な形状の部品内部にも泳動するため，複雑な形状の部品にも均一な塗膜が形成できる．
② 析出した樹脂層は導電性が小さいため，析出層が薄く塗膜の形成が未完成な部分に電流が集中することにより，析出層の厚さが均一になる．
③ 塗料が水に溶解あるいは分散するため，有機溶媒を使用しないことから，作業環境上有利である．
④ 大量生産が可能であり，生産性に優れている．

5.2.2 カチオン電着塗装の原理

エポキシ樹脂系塗料によるカチオン電着塗装プロセスでは，エポキシ樹脂とアミンの反応によりポリアミノ樹脂を合成する．エポキシ樹脂は耐食性の観点からビスフェノール系が主に使用され，アミンは第二級アミンが一般的に用いられる．

$$\sim \underset{\underset{O}{\diagdown\diagup}}{CH_2\text{-}CH_2} + HNR_1R_2 \longrightarrow \sim \underset{OH}{CH}\text{-}CH_2\text{-}\underset{R_2}{NR_1} \tag{5.7}$$

ポリアミノ樹脂は酢酸などのカルボン酸と反応し，正に帯電した水溶性塗料分子とカルボン酸アニオンになる．

$$\sim \underset{OH}{CH}\text{-}CH_2\text{-}\underset{R_2}{NR_1} + RCOOH \longrightarrow \sim \underset{OH}{CH}\text{-}CH_2\text{-}\underset{R_2}{NR_1H^+} + RCOO^- \tag{5.8}$$

被塗装材料をカソード，対極をアノードとし電圧を印加すると，塗料分子はカソードである被塗装材料へ，カルボン酸アニオンはアノードである対極に向かって泳動する．被塗装材料表面では，水の電気分解により OH^- が生成する．

$$4H_2O + 4e^- \longrightarrow 2H_2O + 4OH^- \qquad (5.9)$$

生成したOH$^-$は，泳動してきた正に帯電した塗料分子と反応して樹脂層を形成する．

$$\sim\underset{\underset{OH}{|}}{CH}-\underset{\underset{R_2}{|}}{CH_2}-NR_1H^+ + OH^- \longrightarrow \sim\underset{\underset{OH}{|}}{CH}-\underset{\underset{R_2}{|}}{CH_2}-NR_1 + H_2O \qquad (5.10)$$

このように析出した樹脂層を十分に洗浄・脱水後，160～190℃で加熱すると架橋反応が起こり，硬い塗膜が形成する．

5.3 アノード酸化

アルミニウムは密度 $2.70\,\mathrm{g\cdot cm^{-3}}$ の軽金属である（鉄の密度 $7.87\,\mathrm{g\cdot cm^{-3}}$）．しかし，標準電極電位（$Al^{3+}+3e^- \to Al$, $E° = -1.662\,V$）が卑な金属であり，腐食反応の標準自由エネルギー変化量 $\Delta G°$ が

$$2Al + \frac{3}{2}O_2 + 3H_2O = 2Al^{3+} + 6OH^- \qquad \Delta G°(25℃) = -597\,\mathrm{kJ\cdot mol^{-1}} \qquad (5.11)$$

負の大きな値であることから，非常に腐食しやすい．クッキングホイルに代表される純度の高いアルミニウムは，軟らかく展延性に優れている．一方，アルミサッシや飛行機のボディに使用されているアルミニウムは機械的強度があり，耐食性も優れている．これは，アルミニウムに微量のマンガン，シリコン，銅，マグネシウムなどの金属を合金化することにより，機械的強度を高めているためである．これらのアルミニウムおよびアルミニウム合金は，硫酸やシュウ酸水溶液中でアノード酸化することにより，表面に酸化アルミニウムの緻密な耐食性および耐摩耗性に優れた皮膜が形成する．

アノード酸化は，アルミニウム，タンタル，チタン，タングステンなどのアノード電解により素材表面に緻密な酸化皮膜が成長する，いわゆるバルブ金属に対して行われる．アルミニウムを，硫酸やシュウ酸などの水溶液中でアノードとして電解することにより，アルミニウム表面に酸化アルミニウム層を形成するアルマイト法は，1920年代にわが国の理化学研究所とイギリスにおいて同時期に開発された．この方法により形成された皮膜は，緻密で素地との密着性に優れ，優れた耐食性と装飾性を有することから，アルミニウム製の食器類，サッシや建材

などの処理法として広く普及した．一方，周期表の5族，6族および13族に属する金属において，これらの金属表面に形成された酸化物層が一方向にのみ電流を通す特性が知られている．このような誘電特性を利用した電解コンデンサの誘電体の製造法としてもアノード酸化が用いられている．

5.3.1 バリア型アノード酸化皮膜

アルミニウムは酸素との結合力が強く，空気中において表面は10 nm程度の薄い非晶質の自然酸化膜で覆われている．アルミニウムをアノードとしてホウ酸アンモニウムや酒石酸アンモニウムなどの中性塩の水溶液中において電解すると，次式の反応によりアルミニウム表面にバリア型と呼ばれる無孔性の非晶質酸化アルミニウム薄膜が形成する．

$$2Al + 3H_2O \longrightarrow Al_2O_3 + 6H^+ + 6e^- \tag{5.12}$$

この薄膜は，電解液/酸化物界面および酸化物/金属素地界面において成長する．このときの電場強度（電圧/膜厚）は$10^9 V\cdot m^{-1}$程度であり，定電流密度下での電解では電圧が直線的に増大する．膜厚は電圧にほぼ比例し$1.5 nm\cdot V^{-1}$の割合で成長するが，電圧が数百Vになると膜は絶縁破壊し膜成長は停止する．通常，形成される膜厚は100 nm以下である．Al_2O_3の誘電率が約10と大きいので，大容量のコンデンサ（condenser, capacitor）となる．コンデンサに貯めることのできる電気量（静電容量：C（μF））は，次式で与えられる．

$$C = \frac{\varepsilon S}{4\pi l} \tag{5.13}$$

ここで，εは酸化膜の誘電率，Sは表面積（cm^2），lは酸化膜の厚さ（cm）である．表面積が大きく，酸化膜の厚さが薄いほど，コンデンサの静電容量は大きくなる．図5.12にアルミニウム電解コンデンサの概略を示す．アルミニウムと同様にタンタルもアノード酸化において表面に緻密な酸化膜Ta_2O_5が形成する．Ta_2O_5は誘電率が23程度ときわめて大きいことから，アルミニウム電解コンデンサよりも静電容量の大きいコンデンサを作製することができる．

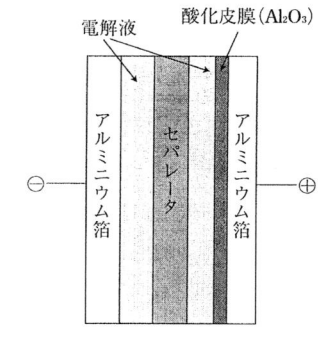

図5.12 アルミニウム電解コンデンサの概略

5.3.2 ポーラス型アノード酸化皮膜

アルミニウムを硫酸やシュウ酸などの酸性の電解液中においてアノード酸化した場合，生成した酸化皮膜の一部が次式の反応により溶解し，Kellerモデル（図 5.13）として知られる，酸化物セルの中央に微細な孔を有する規則的な六角柱状のハニカム構造の多孔質膜が成長する．

$$Al_2O_3 + 6H^+ \longrightarrow 2Al^{3+} + 3H_2O \tag{5.14}$$

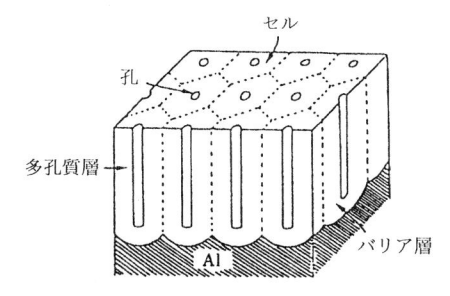

図 5.13 アルミニウムのポーラス型アノード酸化皮膜（Kellerモデル）

多孔質皮膜の成長は，まず生成したバリア層が局部的に溶解し，微小孔とセルが形成する．電解時，微小孔の底部での溶解が常に進行することにより，バリア層から多孔層への変化が起こり，連続的に厚い多孔層が成長する．多孔層の微小孔径やセル径は，電圧とほぼ比例関係にあることから，これらの大きさを数nm～数百nmの範囲で制御することができる．多孔層の厚さは酸化皮膜の溶解を制御することによりmm単位まで成長させることができる．

多孔質皮膜の孔は，沸騰水中に浸すか，加圧水蒸気で処理することにより，微小孔の壁面および表面が水和物 $Al_2O_3 \cdot H_2O$ となり，体積膨張に伴い封孔される．アルミニウムのアノード酸化が飛躍的に普及した理由は，酸化皮膜の優れた耐食性，耐摩耗性にある．また，この酸化皮膜が無色透明であることから，微小孔への色素の吸着および金属・酸化物を封入することにより，美的要因である各種の色彩を付与することが可能になったことに起因している．

このような，バリア層の生成と局部的な溶解に伴う微小孔の形成により，厚い多孔層が成長するのはアルミニウムに固有の性質と考えられていたが，最近ではマグネシウムのアノード酸化皮膜においても，Kellerモデル型の多孔質構造を有していることが報告されている．

5.3.3 ポーラス型アノード酸化皮膜の電解着色

アルミニウムのアノード酸化（一次電解）により形成した酸化皮膜を，金属塩水溶液中で直流電流によるカソード電解または交流電流により電解（二次電解）すると，無色透明なアルミニウムアノード酸化皮膜の微細孔中に金属または金属

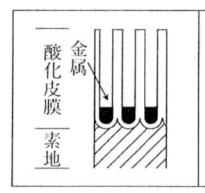

> 一次硫酸電解皮膜をベースとし，次いで金属塩を含む電解浴中で二次的に電解し，着色する．
> (1) 二次電解着色浴としての金属塩：Ni, Sn, Co, Cu など
> (2) 代表例：浅田法(Anolok)

図 5.14 アルミニウムのポーラス型アノード酸化皮膜の電解着色の機構

酸化物が析出して，アルミニウム酸化皮膜が着色される（図 5.14）．この二次電解着色法は発明者の名前から浅田法とも呼ばれ，着色法の主流になっている．アルミニウムアノード酸化皮膜の微細孔中に析出した金属または金属酸化物は，酸化皮膜と金属または金属酸化物との界面からの反射を低下させるとともに，析出した金属または金属酸化物特有の複素屈折率に基づく光の吸収により，析出した金属または金属酸化物に固有の発色が生じる．この電解着色皮膜は，優れた耐候性・耐光性を有するので，建材などの屋外の厳しい環境下に曝される用途に用いられている．

　微細孔中に析出させる金属種としては，ニッケル，コバルト，スズ，銅，金，銀が用いられる．工業的には，硫酸ニッケルおよびホウ酸を主成分とする浴からのニッケルおよびニッケル酸化物の析出によるブロンズ系，アンバー系の着色が主に使用されている．

6

生物電気化学と化学センサ

　1791年にGalvaniは「カエルの足の筋肉に金属を触れたとき，その筋肉が痙攣した」という現象を発見している．この現象の発見が電気化学の始まりであり，かつ，生物電気化学の始まりでもある．さらに，生体系中の脳などではイオンが伝える電気信号に応答しており，まさに，生体系はイオニクス系であるともいえるので，生体系が電気化学と深い関わりがあるのも事実である．また，近年，医用材料の発達に伴う生体系のサイボーグ化に関連する研究も目覚ましく進んでおり，この基礎的な知見を得る上でも生物電気化学は重要となってきている．とくに，人間の五感（視覚，聴覚，嗅覚，味覚および触覚の5つの感覚）をつかさどる感覚器のサイボーグ化であるセンサ（外界からのさまざまな情報を捕え，電気信号に変換するデバイス）はその代表例である．ここでは，生体系での電子，イオンなどの移動に伴う現象をもとに，生体系での電気，電子，情報などに関する化学である生物電気化学について，生体系における電気的現象，生体系でのエネルギー変換，それらの応用など（表6.1），さらに，化学センサとその技術について述べる．

表6.1　生物電気化学の領域

生物電気化学の基礎
　生体系における電気的現象（細胞膜電位，神経伝達など）
　生体でのエネルギー変換（呼吸鎖電子伝達系，光合成電子伝達系など）
生物電気化学の応用
　生物電気化学計測（電気泳動法，バイオセンサなど）
　生物電気化学的なサイボーグテクノロジー（人工神経回路，筋肉モデルなど）
　生物電池（酵素電池，微生物電池，生物太陽電池など）

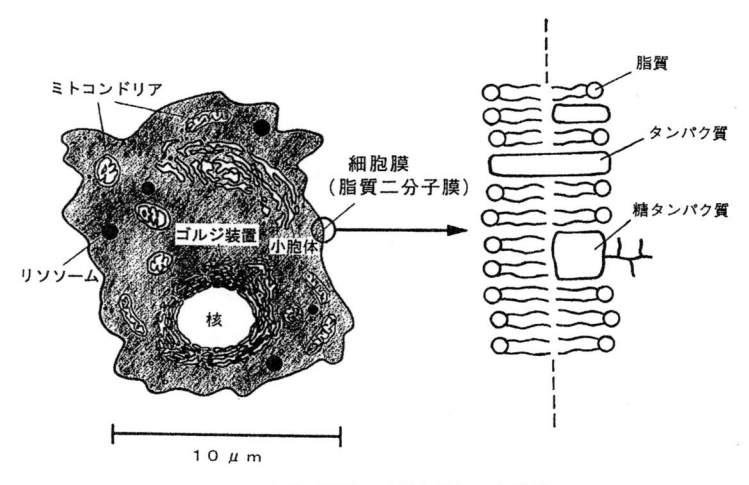

図 6.1 細胞（動物の真核細胞）と細胞膜

6.1 生体系における電気的現象

6.1.1 細胞と膜電位

細胞には図 6.1 に示す動物の真核細胞のように核をはじめとする多くのオルガネラ（細胞内小器官）が存在し，細胞膜によって細胞の内側と外側に二分化されて外界と異なる環境を呈している．この細胞の内部と外界を区切る細胞膜は，脂質，タンパク質，糖タンパク質などからなる脂質二分子膜であり，物理化学的には半透膜である．一般に，半透膜で仕切られた 2 槽の同一電解質溶液に濃度差がある場合，半透膜をはさんだ両液間で電位差が生じ，これを**ドナン電位**と呼ぶ．これと関連して，図 6.2 に示すように，一般的に細胞膜の内側と外側にも電位差，すなわち，**細胞膜電位**（以下，膜電位，$\Delta\phi$）が生じる．一般に，動的定常状態において膜電位 $\Delta\phi$ は，

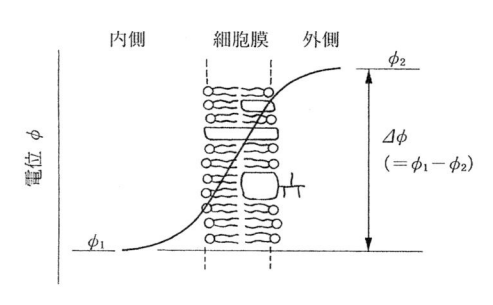

図 6.2 細胞膜電位（膜電位，$\Delta\phi = \phi_1 - \phi_2$）

$$\Delta\phi = \phi_1 - \phi_2$$
$$= -(RT/F)\ln\{(\sum u_+ C_{+,1} + \sum u_- C_{-,1})/(\sum u_+ C_{+,2} + \sum u_- C_{-,2})\}$$
(6.1)

のように表せる．ここで，ϕ_1 および ϕ_2 は膜の内側および外側の電位，u および C は移動度および濃度，下付添字の＋，－，1 および 2 は＋イオン，－イオン，膜の内側および膜の外側を示す．たとえば，神経細胞の興奮していない状態（静止状態）での膜電位は－50～－70 mV 程度で，細胞膜の内側は外側に比べて負になっている．これは，静止状態での神経細胞では，細胞内から外へ 3 個のナトリウムイオン（Na^+）とその逆に細胞外から内へ 2 個のカリウムイオン（K^+）を能動的に輸送するアデノシン三リン酸（ATP）動作ポンプ（ナトリウムポンプ：ポンプの作動には細胞内の ATP とナトリウム-カリウム ATP アーゼを必要とする）の作用と，これらのイオンの受動的な逆戻り拡散（リーク作用）に基づく動的定常状態における細胞膜をはさんでの Na^+ と K^+ の濃度勾配などに基づくためである．このように，細胞の電気化学的パラメータとして膜電位がある．

6.1.2 神経細胞と活動電位

細胞膜の膜電位について前項で述べたが，細胞が外界からの刺激（すなわち，情報）を最初に受けるのも細胞膜であり，また，刺激に対する応答も細胞膜から始まる．すなわち，刺激により細胞膜の電気化学的パラメータである膜電位にも変化が生じる可能性がある．

高等動物などの生体系では，刺激の変換系（刺激から興奮に変換する系），伝達系（興奮を伝達する系）などとして感覚器官，神経系などがある．たとえば，神経系は図 6.3 に示されるような**神経細胞（ニューロン）**が連携してできている．神経細胞は核，樹状突起などを有する細胞体とミエリン鞘，ランビエ紋輪などを有する軸索からなり，軸索終末がシナプスを介して隣接神経細胞の樹状突起に，または，筋線維（横紋筋線維など）に接している．神経細胞は，直接の刺激，隣接する神経細胞からの衝撃（興奮伝達）などにより興奮し，興奮によって生じた電気信号（**神経インパルス**）が軸策を 1～100 m·s^{-1} 程度の高速で走り抜けて軸策終末より他の神経細胞に興奮を伝達する．図 6.4 にキャピラリー電極を用いた神経細胞の膜電位測定の結果を示す．静止状態での膜電位（**静止電位**）は－50 mV 程度であったが，刺激を与えることによって膜電位は急激に正に増大

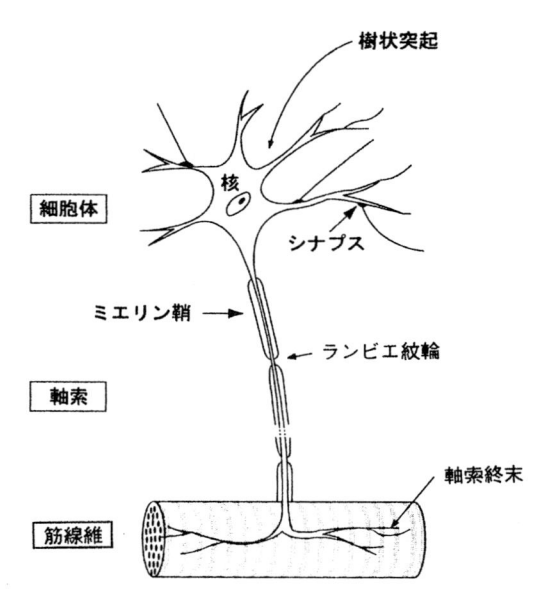

図 6.3 神経細胞（軸索終末が筋線維に接しているもの）[1]

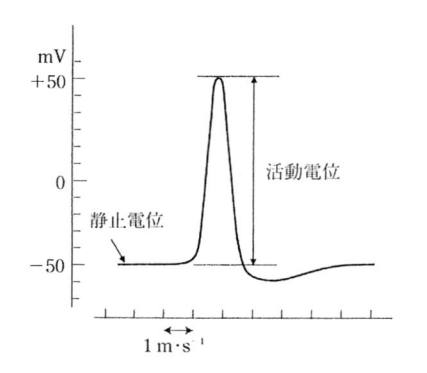

図 6.4 神経細胞での興奮に伴う膜電位変化

して +50 mV 程度となり，数 $m \cdot s^{-1}$ 後にもとの静止電位に戻る（この電気信号が神経インパルスである）．このように，刺激受容前後で膜電位に変化が生じることがわかり，この膜電位の差を**活動電位**と呼ぶ．一般に，神経細胞での興奮の発生と伝達は，この活動電位（電気信号的には神経インパルス）の発生と伝達による．

神経細胞（とくに，軸索）での興奮，すなわち，活動電位の発生と伝達の機構について考えてみる（図 6.5）．前述したように静止状態では膜電位は負になり，神経細胞の細胞膜の内側は負に，外側は正に帯電している．ここで，刺激を与えて局部的に興奮させると，そこでの膜成分である脂質，タンパク質などの一時的な配向変化が引き金となり，Na^+ イオンチャンネルの急速開口，閉口そして不活性，K^+ のイオンチャンネルの遅延開口そして非閉口，ナトリウムポンプの活発作動などが起こり，膜を介した Na^+ および K^+ の濃度勾配変化，分布変化などが連

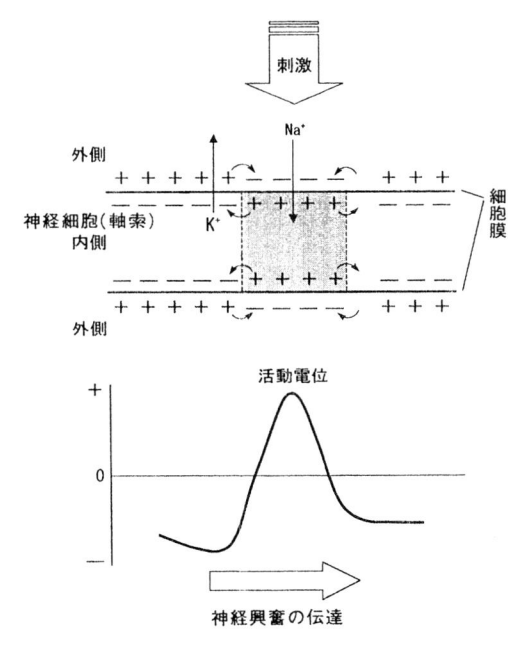

図 6.5 神経細胞（とくに軸索）での興奮の発生と伝達の機構

続的に生じ，この結果として，活動電位の発生，極大そして消失が生じる．また，活動電位の発生付近では細胞膜は脱分極して次の活動電位の立ち上がりを準備し，活動電位の消失付近では細胞膜は再分極して Na^+ イオンチャンネルが不活性状態となっている．これより，一方向への活動電位の伝達が促されるのである．

6.1.3 生体表面での電気的現象

生体系はイオニクス系であることは前に述べたが，生体表面でも電気的現象である**脳波，心電，筋電**などが計測でき，医療分野に応用されている．代表的な生体表面での電気的現象の一例を表 6.2 にまとめる．たとえば，脳波は 0.5〜60 Hz 程度の周波数，1〜300 μV 程度の電位差を有し，周波

表 6.2 生体系での電気的現象の一例

種　類	周波数（Hz）	電圧（μV）
脳　波		
δ 波	0.5〜3.5	
θ 波	4〜7	
α 波	8〜13	1〜300
β 波	14〜25	
γ 波	25〜60	
心　電	0.1〜200	1000
筋　電	5〜1000	10〜10000

> **神経細胞における電気化学測定の道具：マイクロ電極！**
>
> 　6.1.2項で示すような典型的な神経細胞（ニューロン）において，細胞体は直径2～100 μm程度，および細胞体の樹状突起や軸索は0.1～数 μm程度の大きさである．このため，活動電位などの電気化学測定を行うためには，それなりの道具立が必要となる．すなわち，測定するための電極も神経細胞などと同じ大きさでなければならない．現在，このような測定では図6.6に示すような数～数百 μmのマイクロ電極が設計，作製されている．ここでいうマイクロ電極とは通常の電気化学測定に用いられる大きさの電極に対して「非常に小さな電極」という意味である．
>
> **図6.6**　マイクロ電極の一例：カーボンファイバー電極とその構造[2]
> 1：カーボンファイバー，2：樹脂，3：樹脂およびカーボン粉末，4：電線，5：ガラス．

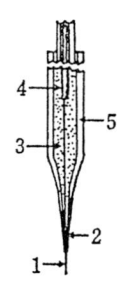

数により α，β，γ，δ，θ 波などに分けられ，それぞれ，各種条件によって生じるので，てんかん（脳波に異常スパイクが発生），痙攣（脳波に異常スパイクが発生），頭部外傷（各波に異常が発生），脳腫瘍（δ 波に異常が発生）などの診断に効果的である．心電は0.1～200 Hz程度の周波数，1000 μV程度の電位差を有し，心臓の活動に対応して時系列的な波形であるP，Q，R，S，T波など（心電図）を生ずる．これより，心臓疾病を診断できる．このように，生体表面での電気的パラメータとして電位差である脳波，心電，筋電などがある．

6.2　生体系でのエネルギー変換

6.2.1　生体系でのエネルギー変換とは？

　図6.7のように，自動車はガソリンを供給してそれを酸素（O_2）とともに爆発的に燃焼，すなわち，酸化することによりカルノーサイクル的な機構でのエネルギー変換によって走行することができる．しかしながら，人間は食物を摂取して

それと酸化剤である酸素による穏やかな呼吸すなわち酸化（ここでいう呼吸は後述する生化学的な意味での呼吸である）による**呼吸鎖電子伝達系**でのエネルギー変換（後述する生体系における燃料電池）などによって運動することができる．この人間でのエネルギーを変換するプロセスは，連続的かつ多段的な電子伝達が生じる一連の酵素系に基づく酸化還元反応であり，このため，穏やかな反応によりエネルギー変換が生じるのである．また，植物の**光合成電子伝達系**でのエネルギー変換プロセスも非常に類似している．

　生体系でのエネルギー変換は生体触媒である酵素に基づく酸化還元反応である．たとえば，生体内に存在する化学物質を化合物1および2とした場合，生体系の酸化還元反応はこれら化合物1および2の酸化および還元（式（6.2）および式（6.3））の2つの反応が組み合わされて進行しており，式（6.4）のように記述できる．ここで，生体系（pH 7）での式（6.4）の**標準酸化還元電位**（$E°$）はネルンストの式より式（6.5）となり，ギブズの自由エネルギー変化（$\Delta G°$）は式（6.6）となる．さらに，ファラデー定数 $F/\mathrm{kcal \cdot mol^{-1} \cdot V^{-1}} = 23.05$ であるので最終的に式（6.7）となる．このように，生体系での酸化還元電位を求めることにより，生体系での反応の自由エネルギーに換算できるのである．表6.3に代

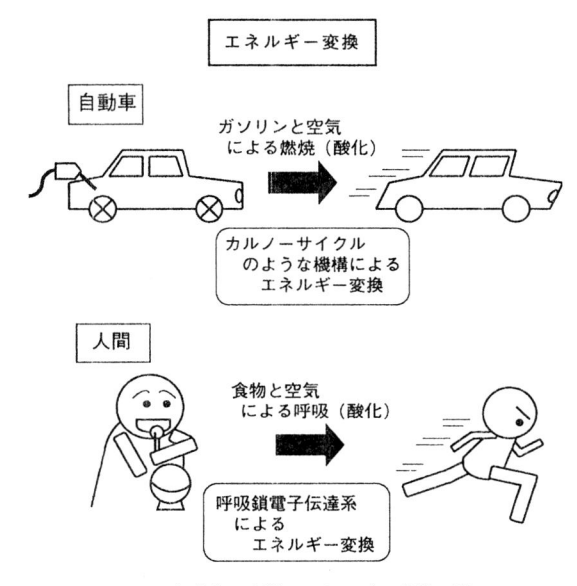

図 **6.7**　自動車と人間のエネルギー変換の違い

表 6.3 生体系（pH 7）での標準酸化還元電位（$E°$）

反　応	$E°$(V vs. NHE)
フェレドキシン：$Fe^{3+}+e^- \rightleftarrows Fe^{2+}$	-0.430
$2H^++2e^- \rightleftarrows H_2$	-0.420
$NADP^++H^++2e^- \rightleftarrows NADPH$*1	-0.320
$NAD^++H^++2e^- \rightleftarrows NADH$*2	-0.320
$FAD+2H^++2e^- \rightleftarrows FADH_2$*3	-0.219
$FMN+2H^++2e^- \rightleftarrows FMNH_2$*4	-0.219
$CH_3CHO+2H^++2e^- \rightleftarrows C_2H_5OH$	-0.197
$CH_3COCOOH$（ピルビン酸）$+2H^++2e^- \rightleftarrows CH_3CH(OH)COOH$（乳酸）	-0.185
$HOOCCH_2COCOOH$（オキサロ酢酸）$+2H^++2e^- \rightleftarrows HOOCCH_2CH(OH)COOH$（リンゴ酸）	-0.166
チトクロム b：$Fe^{3+}+e^- \rightleftarrows Fe^{2+}$	-0.070
$HOOCCH=CHCOOH$（フマル酸）$+2H^++2e^- \rightleftarrows HOOCCH_2CH_2COOH$（コハク酸）	$+0.031$
$CoQ(Ox)+2H^++2e^- \rightleftarrows CoQ(Red)$	$+0.100$
チトクロム c_1：$Fe^{3+}+e^- \rightleftarrows Fe^{2+}$	$+0.220$
チトクロム c：$Fe^{3+}+e^- \rightleftarrows Fe^{2+}$	$+0.254$
チトクロム oxi（ヘム a）：$Fe^{3+}+e^- \rightleftarrows Fe^{2+}$	$+0.290$
チトクロム oxi（ヘム a_3）：$Fe^{3+}+e^- \rightleftarrows Fe^{2+}$	$+0.390$
$Fe^{3+}+e^- \rightleftarrows Fe^{2+}$	$+0.771$
$(1/2)O_2+2H^++2e^- \rightleftarrows H_2O$	$+0.816$

*1　$NADP^+$ および $NADPH$：ニコチンアミドアデニンジヌクレオチドリン酸およびその還元形．
*2　NAD^+ および $NADH$：ニコチンアミドアデニンジヌクレオチドおよびその還元形．
*3　FAD および $FADH_2$：フラビンアデニンジヌクレオチドおよびその還元形．
*4　FMN および $FMNH_2$：フラビンモノヌクレオチドおよびその還元形．

表的な生体系（pH 7）での $E°$ を示す．

$$(\text{Red})_1 \rightleftarrows (\text{Ox})_1 + ne^- \tag{6.2}$$

$$(\text{Ox})_2 + ne^- \rightleftarrows (\text{Red})_2 \tag{6.3}$$

$$(\text{Red})_1 + (\text{Ox})_2 \stackrel{K}{\rightleftarrows} (\text{Ox})_1 + (\text{Red})_2 \tag{6.4}$$

[$(\text{Red})_m$ および $(\text{Ox})_m$：化合物 m の酸化体および還元体，K：平衡定数]

$$\Delta E° = E_2° - E_1° = (RT/nF)\ln K \tag{6.5}$$

$$\Delta G° = -nF(E_2° - E_1°) = -nF\Delta E° \tag{6.6}$$

$$\Delta G°[\text{kcal}\cdot\text{mol}^{-1}] = -23.05\, n\Delta E°[\text{V}] \tag{6.7}$$

[$E_2°$ および $E_1°$：pH 7 における化合物 1 および 2 の酸化還元電位，R：気体定数，T：絶対温度，F：ファラデー定数，n：電子数]

6.2.2 呼吸と呼吸鎖電子伝達系

哺乳類などの生体系では，食物より得られた有機物（呼吸基質）の酸化・分解などを行い，生命維持や生命活動に必要なエネルギーを得ており，これを一般に**呼吸**という（図 6.8）．一般に，脂肪，多糖類，タンパク質などの呼吸基質は各種酵素により段階的に酸化・分解され，遊離のエネルギーは高エネルギー物質であ

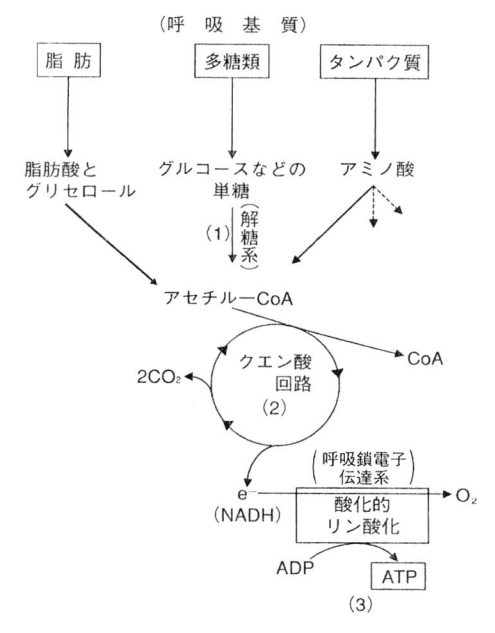

図 6.8　哺乳類などにおける生体系での呼吸[3]

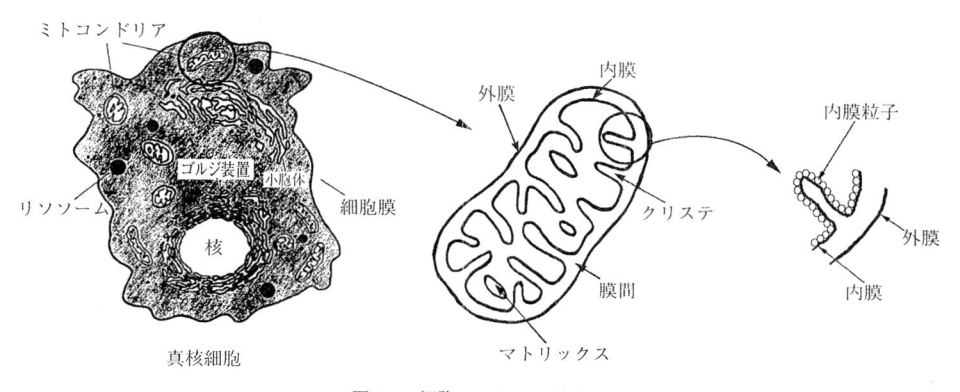

図 6.9　細胞とミトコンドリア

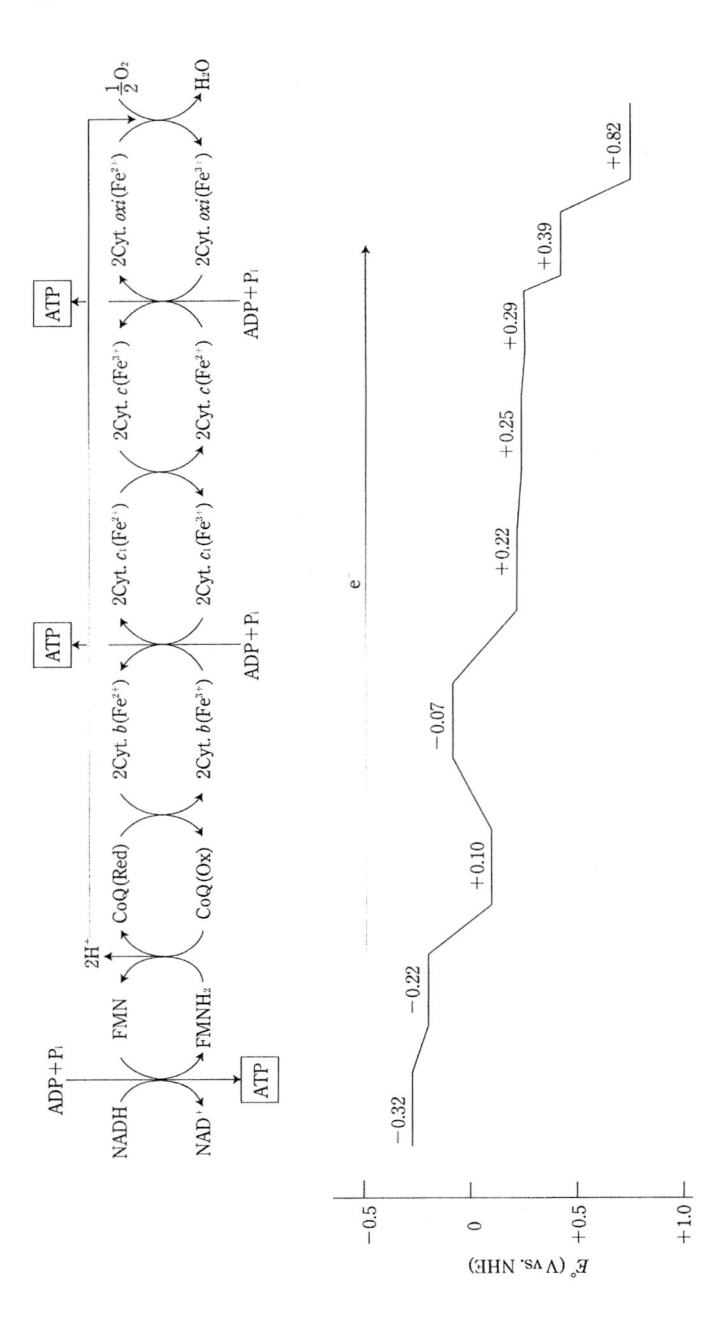

図 6.10 呼吸鎖電子伝達系の機構（電子伝達，ATP 生成，酸素還元など）

ATP：アデノシン三リン酸，ADP：アデノシン二リン酸，P_i：無機リン酸，NAD^+ および NADH：ニコチンアミドアデニンジヌクレオチドおよびその還元形，FMN および $FMNH_2$：フラビンモノヌクレオチドおよびその還元形，CoQ (Ox) および CoQ (Red)：補酵素 Q（ユビキノン）およびその還元形，Cyt.b, Cyt.c_1, Cyt.c および Cyt.oxi：チトクロム b，チトクロム c_1，チトクロム c およびチトクロム c 酸化酵素を示す．Cyt の（ ）内はチトクロム中のヘム鉄の酸化状態を示す．なお，フラビンアデニンジヌクレオチドおよびその還元形（FAD および $FADH_2$）より CoQ に至る経路は種々の議論があるのでここでは省略した．

るアデノシン三リン酸（ATP）に貯蔵される．たとえば，呼吸基質である多糖類よりの単糖の酸化・分解のプロセスは，主に，(1) 解糖系（Embden-Meyerhof-Parnas 回路，EMP 回路），(2) クエン酸回路（トリカルボン酸回路，TCA 回路または Krebs 回路）および (3) **呼吸鎖電子伝達系**に分類され，(1) は真核細胞の細胞質の基質に，および，(2) と (3) は真核細胞の細胞小器官であるミトコンドリア（図 6.9）に存在する．

たとえば図 6.8 に示すように，食物の1つである多糖類を加水分解してできるグルコース（$C_6H_{12}O_6$, 1 mol）は (1) でピルビン酸（$CH_3COCOOH$, 2 mol），水素（H, 4 mol），ATP（2 mol）などを生成する．次に，生成したピルビン酸（2 mol）はミトコンドリア内に取り込まれ，アセチル補酵素（アセチル CoA）を経て，(2) で加水分解などを生じて二酸化炭素（CO_2, 6 mol），H（20 mol），ATP（2 mol）などを生成する．最後に，(1) および (2) でデヒドロゲナーゼなどによって呼吸基質より得られた H（24 mol）が補酵素ニコチンアミドアデニンジヌクレオチド（NAD^+）などを介してミトコンドリア内膜のクリステにある (3) に運ばれる．運ばれた H（NAD^+ などの水素受容体（または還元体）である NADH などの形で運ばれている）は，ここでプロトン（H^+）と電子（e^-）となり，図 6.10 に示すような一連のチトクロム酵素群を介しての電子伝達そして最終的な酸素還元（電子の最終処理）による水（H_2O, 12 mol）の生成およびその際の電気化学的プロトン勾配による大量の ATP（34 mol）の生成を行っている．

6.2.3 光合成と光合成電子伝達系

高等植物，藻類などの生物系には図 6.11 で示すような葉緑体が存在し，生命

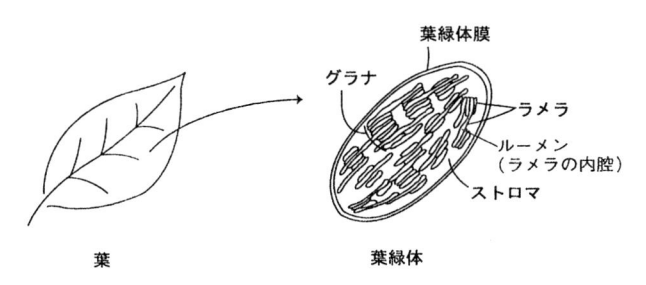

図 6.11 葉緑体

維持や生命活動に必要な有機物を得るための**光合成**が行われている．一般に，光合成においては，二酸化炭素（CO_2）と水（H_2O）を取り入れ，太陽光のエネルギー（**光エネルギー**）を利用することにより，複雑な反応プロセスを経て有機物を合成している．

　この光合成には，図6.12に示すように，①光を必要とする**明反応**と②光を必要としない**暗反応**の2つの反応プロセスがある．①は葉緑体のチラコイド膜で生じ，光を必要とするクロロフィル，カロチノイドといった光合成色素や明反応に関係する酵素群が存在し，②は葉緑体のストロマで生じ，暗反応に関係する酵素群が存在する．まず，①において光エネルギーによって水が酸素になるプロセスで ATP と NADPH が合成され，次に，②の炭素固定回路においてこれらと二酸化炭素と水により有機物の基となるグリセルアルデヒド 3-リン酸（G3P）となり，これがストロマでデンプンおよび細胞質でスクロースとなる．

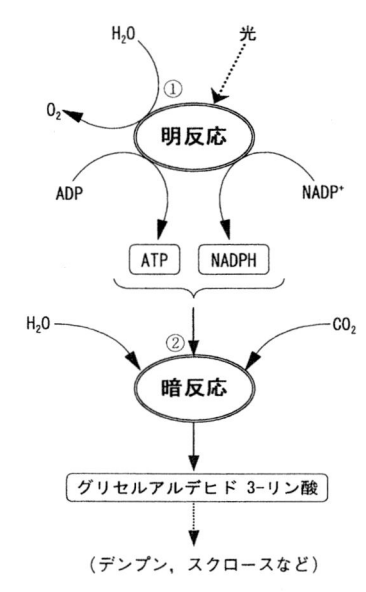

図6.12　光合成プロセス
ATP および ADP：アデノシン三リン酸およびアデノシン二リン酸，$NADP^+$ および NADPH：ニコチンアミドアデニンジヌクレオチドリン酸およびその還元形．

　ここで，興味深いのは，呼吸鎖電子伝達系と同様に ATP を生成する①である．①は図6.13に示すような光化学系を2つ有する連続した酸化還元系の**光合成電子伝達系**であり，図の形より**Zスキーム**と呼ばれている．電子が光化学系Ⅱから光化学系Ⅰに移動する際に光化学系Ⅱで生成したプロトンに基づくプロトン勾配の作用により呼吸鎖電子伝達系と同様に ATP を生成しているのである．この ATP 生成の一連の反応を，電子が一方向に伝達されて ATP を生成するので，(a) 非循環的光リン酸化反応という．また，(a) で生成する ATP は非循環的なので少量であるが，さらに，ATP を過剰に生成するために②を循環させる反応を有し，これを (b) 循環的光リン酸化反応という．このように光合成においても効果的に電子伝達系を用いることによって，効率よくエネルギー生成を行っているのである．

6.2 生体系でのエネルギー変換

6.1 節および 6.2 節において，呼吸および光合成について述べ，それらの ATP 生成のための電子伝達系について説明した．ここで重要なのは，呼吸でのエネルギー源は呼吸基質である有機物であり，光合成でのそれは太陽光であり異なっているが，どちらも一連の酵素群を有して連続的な酸化還元反応を介してプロトン勾配により穏やかな条件で ATP を生成しているという点である．

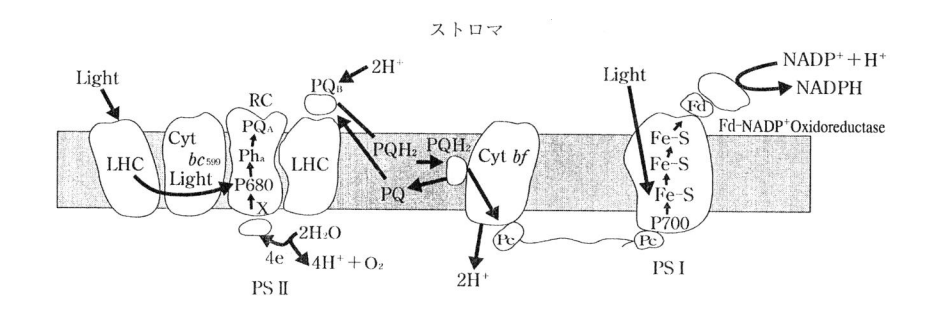

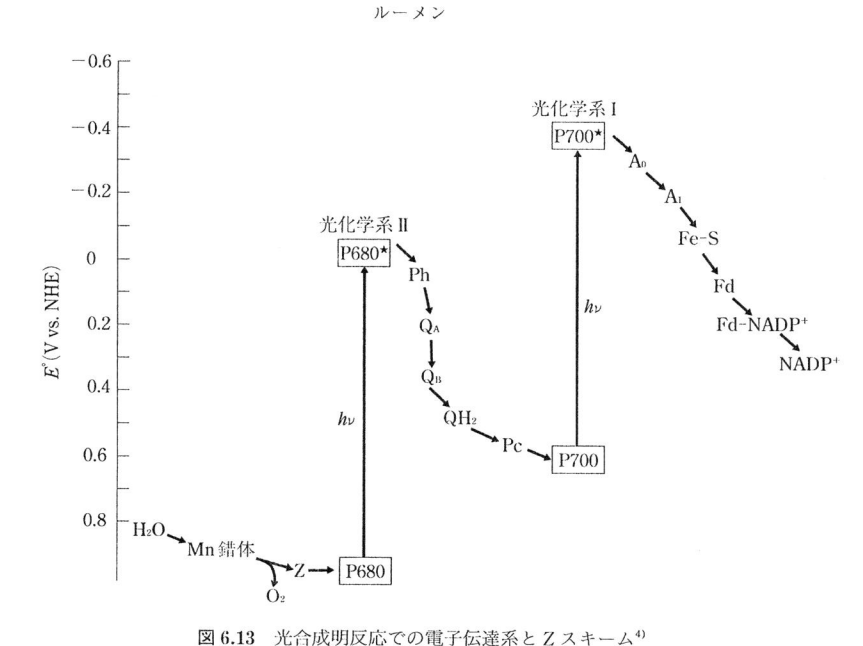

図 6.13 光合成明反応での電子伝達系と Z スキーム[4]

Z：チロシンなど，Ph：フェオフィチン，Q_A：キノン A，Q_B：キノン B，QH_2：プラストキノン，Pc：プラストシアニン，A_0：クロロフィルなど，A_1：キノンなど，Fe-S：硫化鉄中心，Fd：フェレドキシンおよび $NADP^+$：ニコチンアミドアデニンジヌクレオチドリン酸．

> **太陽エネルギーの利用を目指した人工光合成システム！**
>
> 　最近，光合成（6.2.3項，図6.12および図6.13参照）を模倣した人工光合成システムが構築されている．すなわち，図6.13に示す光合成明反応の光化学系 I，光化学系 II およびその間の電子伝達系を，それぞれ，水素発生用光触媒（Pt-SrTiO$_3$，波長600 nm以下の光を吸収して反応），酸素発生用光触媒（Pt-WO$_3$，波長460 nm以下の光を吸収して反応）および電子移動媒体（ヨウ素類）で模倣して図6.14に示すような人工光合成モデルとしている．可視光照射により水を分解して水素を生成できるので，このような研究の進捗により，クリーンな太陽エネルギーを利用した次世代燃料である水素燃料の生産が可能になる日も遠くない将来であろう．
>
> 図6.14　人工光合成システムの一例
> （文献[5]より改変）

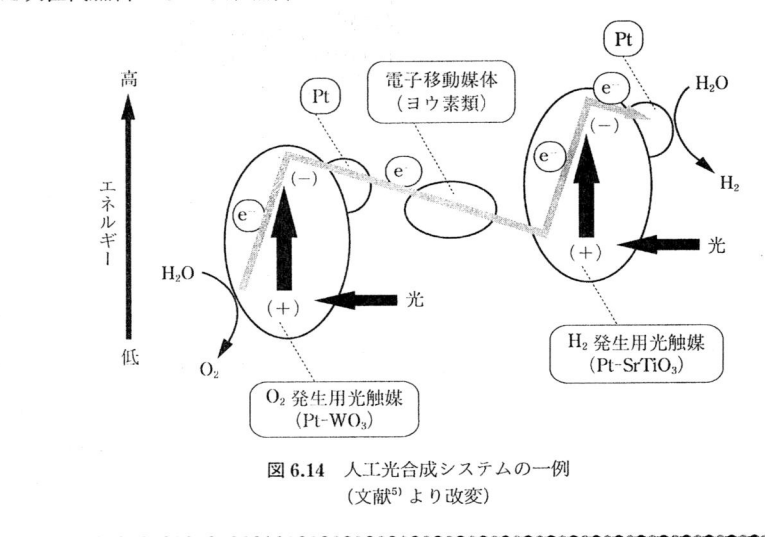

6.3　生物電気化学の応用

　生物電気化学の応用として，生物電気化学的な立場から眺めた計測技術，精製技術，サイボーグテクノロジー，電池化学，細胞工学などがあり，ここではこれらの一例について述べる．

6.3.1　生物電気化学計測
a．電　気　泳　動
　生体物質の多くは電荷を有しているので，電場中で移動する．この電場によっ

て溶媒の中を粒子が動くことを**電気泳動**といい，分析，精製などに用いられている．たとえば，図 6.15 に示すように異なる割合の負電荷を有する生体物質 A，B および C の混合試料（A＋B＋C）があり，これを支持物質にのせて溶媒中で電場をかけると電気泳動が生じ，A，B および C を分離し，分析または精製できる．表 6.4 に電気泳動法の種類を示す．**移動界面法，ゾーン法，連続法**などがあり，目的に応じて使い分けるが，現在では移動界面法はほとんど用いられていない．

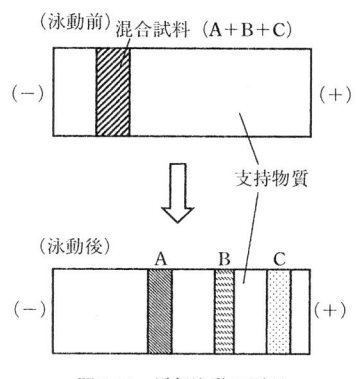

図 6.15　電気泳動の原理

ゾーン法は支持物質の違いにより，ろ紙，酢酸セルロースおよびゲルの電気泳動法に分類される．**ろ紙電気泳動法**には低電圧法（20 V・cm^{-1} 程度）と高電圧法（200 V・cm^{-1} 程度）があり，前者はタンパク質（ポリマー）の分析，後者はアミノ酸（モノマー）やペプチド（オチゴマー）の分析に適している．さらに，高電圧法とクロマトグラフィーの両方を用いた二次元分析法はより効果的であり，図 6.16 に示すようにアミノ酸を完全に分離分析できる．**酢酸セルロース電気泳動法**は，他の方法に比べて手法の簡便さ，高分解能などの点で優れている．**ゲル電気泳動法**のゲルとしてはデンプン，ポリアクリルアミド，アガロース，アガロース-アクリルアミドなどがあり，タンパク質，核酸などに効果的である．とくに，ゾーン法を改良したポリアクリルアミドゲルを用いるディスク電気泳動法は最大

表 6.4　電気泳動法の種類

移動界面法
・溶液全体に高分子が存在し，分子位置をシェリーレン光学系で時間関数として決定する方法．
・移動度，タンパク質の等電点などの決定に使用．

ゾーン法
・溶液は点状，帯状などにまとめられて不活性で一様な媒質に保持された溶液中，ゲル中などを移動する方法．
・混合物分析，純度決定，移動度・形の変化の分析，精製などに使用．
・ろ紙電気泳動法，酢酸セルロース電気泳動法，ゲル電気泳動法（寒天ゲル，デンプンゲル，ポリアクリルアミドゲルなど），等電点電気泳動法など．

連続法
・試料をゾーンとして連続的に加える方法．

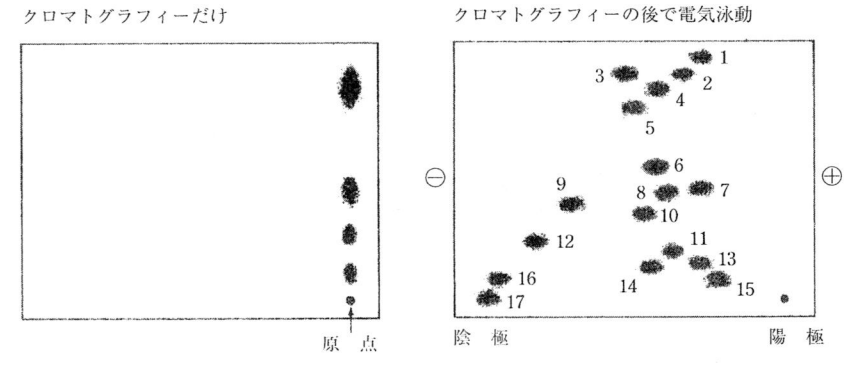

図 6.16 アミノ酸のクロマトグラフィー/電気泳動二次元分析[6]
クロマトグラフィー〔展開溶媒：ルチジン/水＝2/1〕　電気泳動〔pH 2.25〕
1：トリプトファン，2：チロシン，3：ロイシン，4：フェニルアラニン，5：メチオニン，6：トレオニン，7：ヒドロキシプロリン，8：プロリン，9：アラニン，10：セリン，11：グルタミン，12：グリシン，13：グルタミン酸，14：アスパラギン，15：アスパラギン酸，16：アルギニン，17：リシン．

の分解能を有するので，広汎に用いられている．

　また，ゾーン法には支持物質の種類で分類される以外に，タンパク質のような両性電解質の等電点（電荷のなくなるpH）を用いて分離する**等電点電気泳動法**がある．タンパク質混合物をpH勾配中においた場合，各タンパク質は等電点に対応するpHで止まるので分離することができる．この方法は分析のみでなく精製にも用いられている．たとえば，ヘモグロビンはαおよびβそれぞれ2個のサブユニットからなる四次構造であり，αおよびβサブユニットの分子量，構造などは類似しており，クロマトグラフィーなどによる分離は厄介である．しかしながら，αおよびβサブユニットの等電点は，それぞれ7.3および6.6程度であるので，図6.17に示すように等電点電気泳動法を用いて分離，精製できる．さらに，本法と従来の電気泳動法の両長所を持ち合わせた**等速電気泳動法**が開発されており，とくに，キャピラリー管を用いたキャピラリー等速電気泳動法は有効で，タンパク質のような両性電解質以外に有機酸，ヌクレオチドなどの分析も可能である．

　連続法としては**連続流（カーテン型）電気泳動法**があり，上部より混合試料を連続的に加えながら上下の溶媒の流れおよび左右の電場を利用して，下部に並べられた集液管にそれぞれ分離した試料を得る方法である．主に，分析法よりも試

6.3 生物電気化学の応用

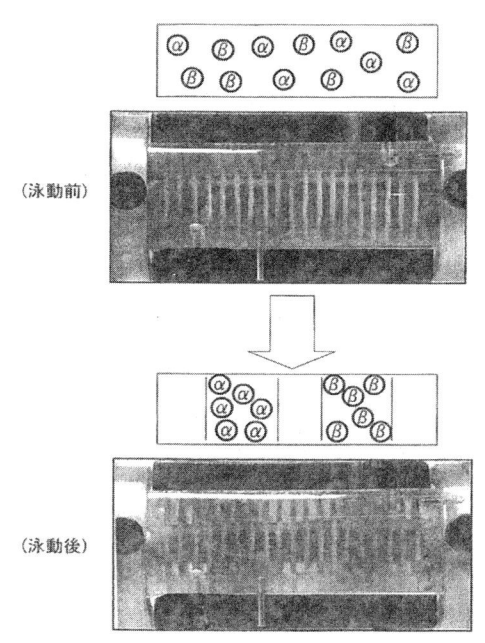

(泳動前)

(泳動後)

図 6.17 ヘモグロビンサブユニットの等電点電気泳動による分離精製
丸印の α および β は、それぞれ、α サブユニットおよび β サブユニットを示す.

料調製法として用いられる.

b. その他の生物電気化学計測

その他の生物電気化学計測として、細胞電気泳動測定（細胞の表面電荷を測定）、細胞数計測（コールターカウンターなど）、微小電極測定（細胞内でのボルタンメトリー、生体内マイクロセンサ測定など）、バイオセンサ（酵素、微生物、免疫、オルガネラセンサ、組織、FET 型などのセンサ、詳細は次項を参照）などがあり、細胞工学、環境工学、臨床医学などの広汎な分野で検討されている.

6.3.2 生物電気化学的なサイボーグテクノロジー

生体機能を人工的に再現し、医学、歯学、薬学、工学などの分野に波及する**サイボーグテクノロジー**（図 6.18）は、今世紀の最も重要な技術といっても過言ではない. ここでは、とくに、生物電気化学的立場から捉えたサイボーグテクノロ

ジーについて述べる．

a. 人工神経回路

　高等動物の神経系が再現できれば，極微小，超高速，高機能，低エネルギーな情報変換・伝達システムの構築の可能性が出てくる．その再現のための基礎的な検討として，半導体の微細加工技術であるリソグラフィー技術を応用した**人工神経回路**の検討がある．図 6.19 に示すように，パターン化した石英基板，金属酸化物基板などに脊髄後根細胞の軸索を成長させたところ，軸索は基板表面の 1 μm 以下の大きさの微細構造，表面電荷などを認識して成長している．これによって軸索の成長方向の制御が可能となり，人工神経回路の設計が可能となる．さらに，図 6.20 に示すような人工神経回路と同様なパターン化を施して多点での計測が可能な微小電極アレイを作製することにより，人工神経回路の機能を評価することも可能である．これにより，培養細胞での電気的情報の検出，細胞への刺激付与なども可能となり，細胞電気化学的な検討も可能となる．

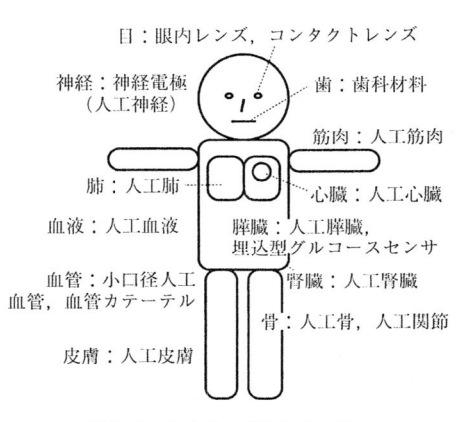

図 6.18　サイボーグテクノロジー

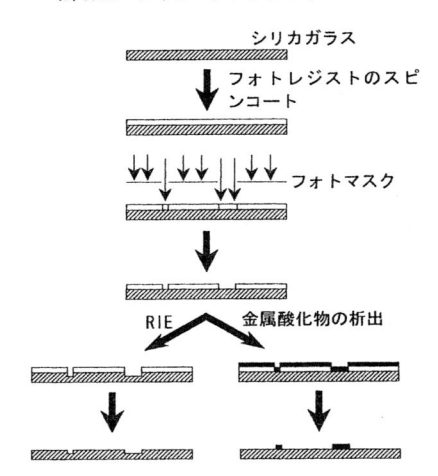

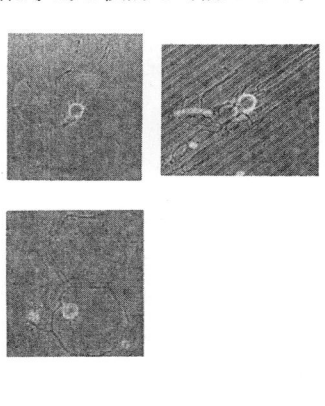

図 6.19　人工神経回路：神経突起成長方向制御[7]

b. 筋肉モデル：導電性高分子アクチュエータ

導電性高分子，高分子ゲル，イオン交換樹脂などの柔軟な材料を用いて筋肉運動である伸縮，屈伸などの生体系類似運動を行う駆動体があり，**筋肉モデル（導電性高分子アクチュエータ）**として検討されている．図6.21に示すように**導電性高分子**である**ポリアニリン**は電解質環境において2V程度の電圧で左右に大きく屈曲する．これは，図6.22に示すポリアニリンの電気化学的な酸化還元のサイクリックボルタモグラム，分子構造変化および伸縮挙動より，LS-ES状態

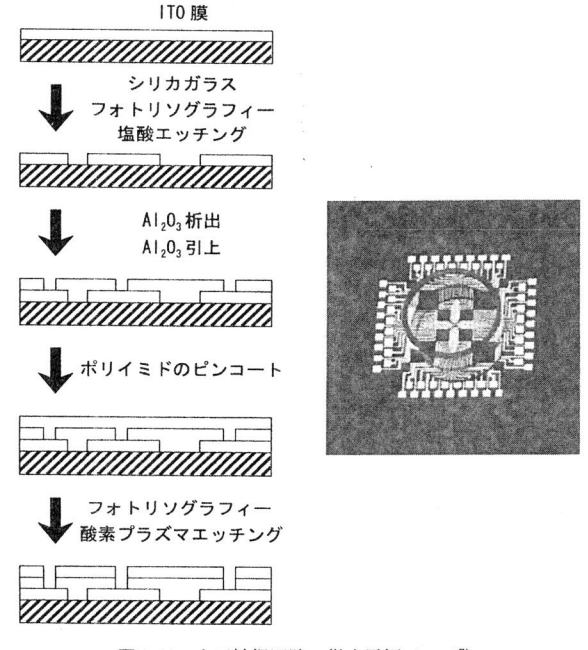

図6.20 人工神経回路：微小電極アレイ[7]

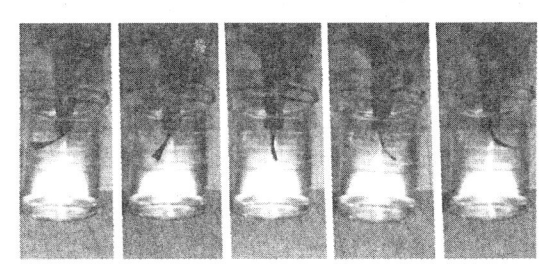

図6.21 筋肉モデル（導電性高分子アクチュエータ）[8]

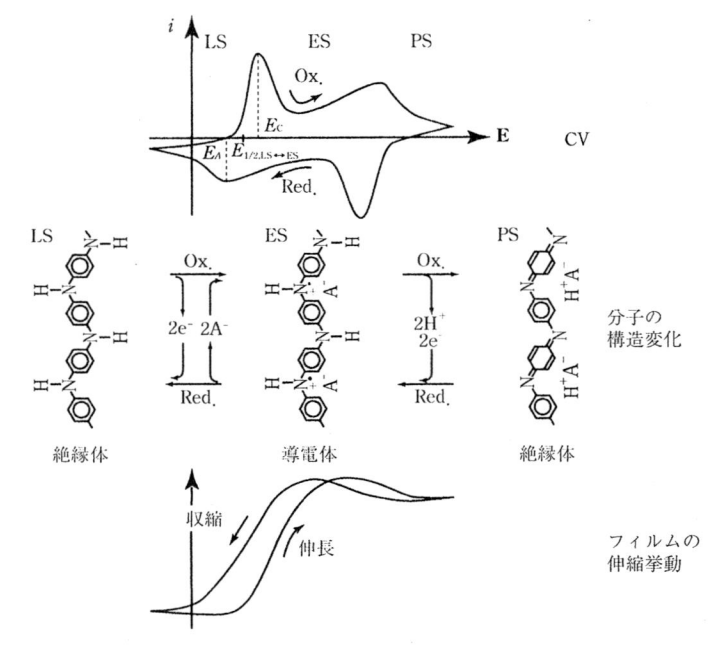

図 6.22 筋肉モデル（導電性高分子アクチュエータ）の作動機構[8]

間の大きな伸張・収縮は負イオンの注入・放出，ES-PS 状態間のわずかな収縮・伸張はプロトン（H^+）の放出・注入が主であり，さらに，分子の形態変化，静電反発なども影響している．この運動の応答は数 s 程度と速く，収縮力は 1〜2 MPa 程度で生体系筋肉のおよそ 10 倍に相当する．人工筋肉の実現が期待される．

6.3.3 生物電池

前述した呼吸鎖電子伝達系，光合成電子伝達系などは生体での有効なエネルギー変換系であり，かつ，究極の燃料電池や太陽電池でもある．このような生体系でのエネルギー変換系を応用した**生物電池**が各種検討されている．表 6.5 に示すように生物電池としては**酵素電池，微生物電池，生物太陽電池**などがあり，アノードでの酵素反応生成物，還元型電子伝達物質，代謝物質，水素などの酸化反応とカソードでの酸素の還元反応を組み合わせた燃料電池型，アノードでの光化学的酸化反応とカソードでの光化学的還元反応を組み合わせた太陽電池型などがあ

6.3 生物電気化学の応用

表 6.5 生物電池の種類[9]

種類	生物触媒系	アノード反応	カソード反応
酵素電池			
電子伝達系非共役型電池	酸化的酵素反応	酵素反応生成物の酸化反応	酵素の還元反応
電子伝達系共役型電池	酸化的酵素反応	還元型電子伝達物質の酸化反応	酵素の還元反応
微生物電池			
微生物電池	微生物の代謝反応	代謝物質の酸化反応	酵素の還元反応
微生物酸水素電池	微生物の水素生産	水素の酸化反応	酵素の還元反応
生物太陽電池			
クロロフィル電池	クロロフィルの光反応	光化学的酸化	光化学的還元
藻類電池	藻類の光水素生産	水素の酸化反応	酸素の還元反応

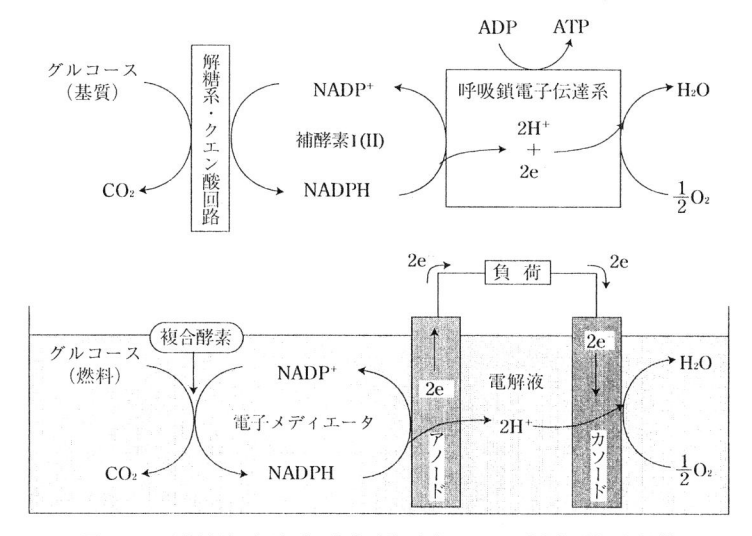

図 6.23 呼吸鎖電子伝達系と酵素電池（グルコース系生物燃料電池）[10]

る．たとえば，生物電池の酵素電池の1つとして，図6.23に示すようなグルコースを燃料とする酵素電池がある．これは，前述した呼吸のエネルギー変換系と同じ原理（図中の上部分）で作動するもので，グルコースが酵素により二酸化炭素（CO_2）になる際に共役して電子伝達物質のNAD^+や$NADP^+$が還元されてNADHやNADPHになり，これら還元型電子伝達物質がアノードで酸化反応すると同時に，酸素（O_2）がカソードで還元反応することにより，電池として作動するものである．

> **電気化学，そして生物電気化学，そして…進展する電気化学！**
>
> 　化学（chemistry）の中で電気的な現象を取り扱う学問が「電気化学（electro-chemistry）」，その中で生物（または生体）での電気化学現象を取り扱う学問が「生物電気化学（bio-electro-chemistry）」というように，化学においても研究が進展するにつれて，学問分野も広がり，新しい領域が誕生している．さらに，1972年，アメリカ Colombia 大学の Breslow 教授は，生体中の酵素反応などの化学反応をモデル（酵素等の機能のみをまねた合成物）により再現する学問を提唱し，生化学（bio-chemistry）から生体模倣化学（bio-mimetic（模倣した）chemistry）を提唱している．6.3節でも生物電気化学の応用をいくつか述べているが，その中で生物（または生体）での電気化学現象をモデルにより再現する学問が検討されており，まさに，生体模倣電気化学（bio-mimetic electro-chemistry）なる分野も誕生している．たとえば，人工神経回路や筋肉モデルのサイボーグテクノロジー，酵素電池や微生物電池の生物電池などである．さらなる，電気化学研究の進展が期待される．

6.4　化学センサ

6.4.1　センサとは？

　人間には図6.24に示すような**五感**（視覚，聴覚，嗅覚，味覚および触覚の5つの感覚）があり，それらをつかさどる感覚器を備えている．これらを応用したものに**センサ**がある．センサは，外界からの色，光，音，匂い，味，圧力，温度，湿度などのさまざまな情報を捕え，電気信号に変換するデバイスであり，**物**

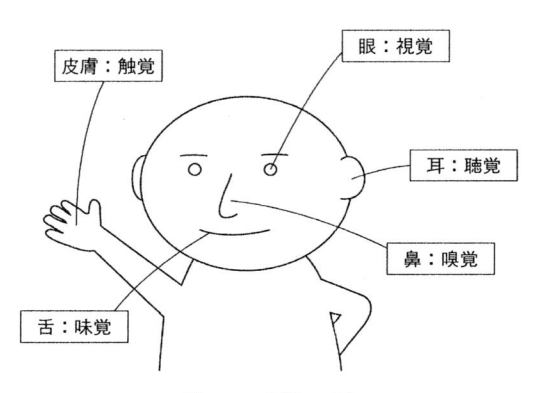

図6.24　人間の五感

6.4 化学センサ

表 6.6 化学センサの種類

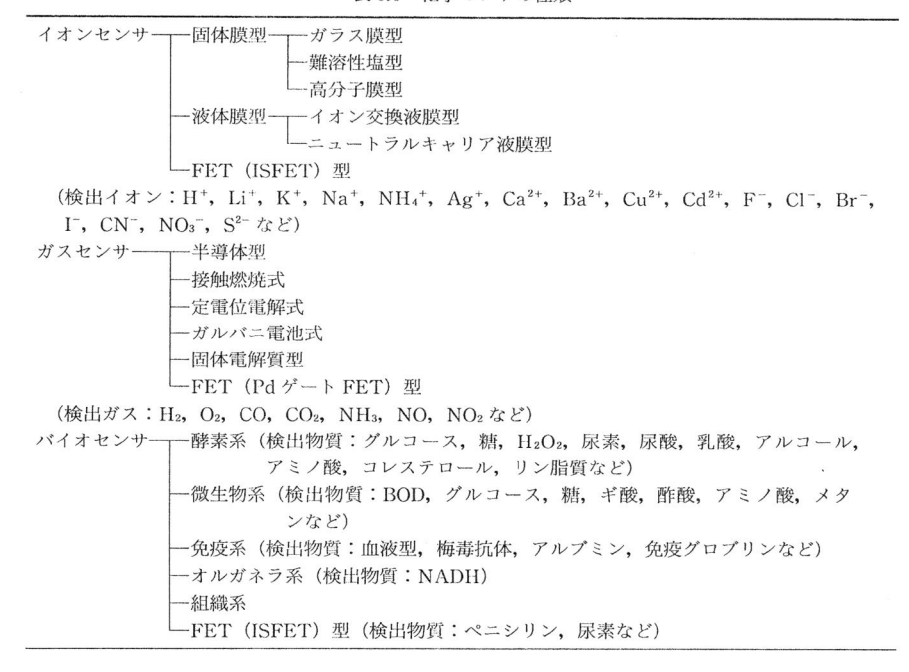

```
イオンセンサ ── 固体膜型 ── ガラス膜型
             │         ├ 難溶性塩型
             │         └ 高分子膜型
             ├ 液体膜型 ── イオン交換液膜型
             │          └ ニュートラルキャリア液膜型
             └ FET（ISFET）型
```
（検出イオン：H^+, Li^+, K^+, Na^+, NH_4^+, Ag^+, Ca^{2+}, Ba^{2+}, Cu^{2+}, Cd^{2+}, F^-, Cl^-, Br^-, I^-, CN^-, NO_3^-, S^{2-} など）

```
ガスセンサ ── 半導体型
           ├ 接触燃焼式
           ├ 定電位電解式
           ├ ガルバニ電池式
           ├ 固体電解質型
           └ FET（Pd ゲート FET）型
```
（検出ガス：H_2, O_2, CO, CO_2, NH_3, NO, NO_2 など）

```
バイオセンサ ── 酵素系（検出物質：グルコース，糖，H₂O₂，尿素，尿酸，乳酸，アルコール，
             │         アミノ酸，コレステロール，リン脂質など）
             ├ 微生物系（検出物質：BOD，グルコース，糖，ギ酸，酢酸，アミノ酸，メタ
             │          ンなど）
             ├ 免疫系（検出物質：血液型，梅毒抗体，アルブミン，免疫グロブリンなど）
             ├ オルガネラ系（検出物質：NADH）
             ├ 組織系
             └ FET（ISFET）型（検出物質：ペニシリン，尿素など）
```

・・・・**味覚（味）と匂い（臭）**・・・・

　人間の五感の中で刺激として化学物質が関与する感覚（いわゆる，人間の中での化学センサ）は，味覚と嗅覚である．人間の味覚（味）には甘味，塩味，酸味および苦味といった4種の基本的感覚があり，それぞれを示す代表的な化学物質としてショ糖，食塩，塩酸およびキニーネがある．これら味覚（味）は人間では舌で感じられる（舌乳頭中の味蕾の味細胞で識別される）が，舌の部分によって感じる基本的感覚も異なる．たとえば，舌の先端では甘味と塩味に，側縁では塩味と酸味に，そして，根部では苦味に敏感である．人間の匂い（臭）にも基本となる7種の原香（臭）（Amooreの分類（1964））があるといわれており，樟脳臭，麝香臭，エーテル臭，花臭，ハッカ臭，刺激臭および腐敗臭であるが，現在のところ必ずしも定説ではない．これらの匂いは鼻の鼻腔天井部分にある嗅覚器（嗅上皮）にあたり，その中にある嗅細胞で識別される．

理センサ（物理的情報に応答するセンサ）および**化学センサ**（化学物質に応答するセンサ）がある．物理センサには光，音波，圧力，温度，湿度，重力，磁気などのセンサがあり，化学センサには表6.6に示すようなガス，イオン，バイオなどのセンサがある．

6.4.2 イオンセンサ

イオンセンサとは，溶液中の特定種のイオンに選択的に応答して定量できるセンサであり，従来よりの**イオン電極**である．イオンセンサには，固体膜型，液膜型，電界効果トランジスタ（FET）型などがある．

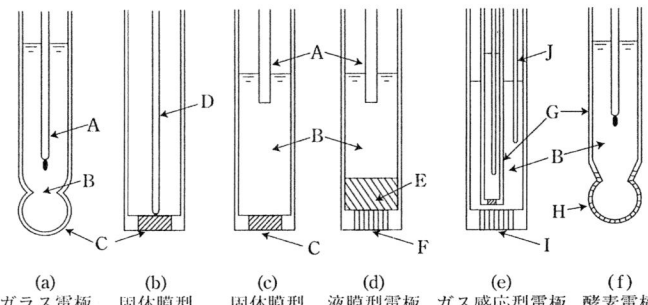

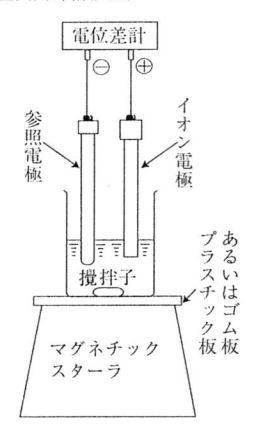

図6.25 各種イオン電極（上図）と測定概略（下図）[11]
上図においてA：内部電極，B：内部溶液，C：イオン選択性膜（感応膜），D：導線，E：液膜型のイオン選択性膜（感応膜），F：多孔性膜，G：内部イオン選択性電極，H：酵素含有膜（または酵素修飾膜），I：ガス透過膜，J：参照電極．

FET型イオンセンサを除くイオンセンサとしては，図6.25の上図に示すような種類のものがあり，図中の(b), (e), (f)などのイオンセンサは基本系の発展系や応用系である．さらに，図6.25の下図のような構成で測定し，測定系（図6.25の上図の(a), (c)および(d)）を表式化すると，基本的には

$$(+)\underline{内部電極|内部溶液|イオン選択性膜}|試料溶液|参照電極(-) \atop イオンセンサ \qquad (6.8)$$

となり，さらに，これの発展系（図6.25の上図の(b)）として

$$(+)\underline{金属またはグラファイト電極|イオン選択性膜}|試料溶液|参照電極(-) \atop イオンセンサ \qquad (6.9)$$

もある．表式のイオン選択性膜よりも左側がイオンセンサであり，最近では参照電極と一体化したものもある．基本的には，どれもイオン選択性膜をはさんで発生する膜電位を検出する原理となっている．

H^+のイオンセンサはpHセンサであり，それを構成する装置が図6.26に示すようなpHメータである．このときの膜電位（E_M）は

$$E_M = (RT/F)\ln\{a(H^+)_x/a(H^+)_0\} \qquad (6.10)$$

[$a(H^+)_x$および$a(H^+)_0$：試料溶液および内部溶液のH^+活量]

となり，内部溶液の$a(H^+)_0$は既知であり，また，

$$pH(x) = -\log a(H^+)_x \qquad (6.11)$$

なので

$$\begin{aligned}E_M &= C + (RT/F)\ln\{a(H^+)_x\} \\ &= C - 0.059\,pH(x) \quad (25℃)\end{aligned}$$

[C：定数] (6.12)

これより，膜電位（E_M）値とpH(x)値は相関するので，2種類のpH既知の標準溶液を用いて膜電位を設定することによってpHメータを補正しておけば，2種類の標準溶液間のpHを測定することができる．また，生体内測定のためのH^+センサ（pHセンサ）としてFET型のものも検討されている．

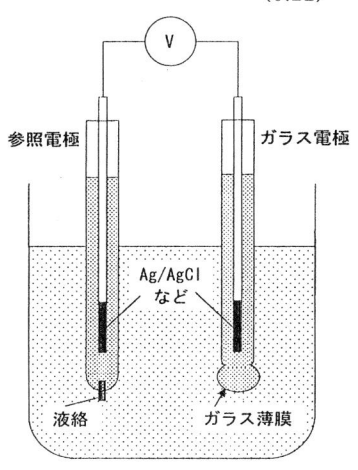

図6.26 pH測定の概略

6.4.3 ガスセンサ

ガスセンサとは，各種環境中で特定種の気体成分に選択的に応答して定量できるセンサであり，**ガス検知センサ**とも呼ばれる．ガスセンサには，半導体型，接触燃焼式，定電位電解式，ガルバニ電池式，固体電解質型，FET型などのセンサがある．

半導体型ガスセンサは，半導体表面にガス分子が吸着する際にその電気抵抗が変化することを利用するもので，主に，都市ガスやLPガスのガス漏れ警報装置として用いられている．接触燃焼式ガスセンサは，ガスを高活性触媒を用いて完全燃焼させてその燃焼熱に基づく温度変化を利用するものである．

定電位電解式やガルバニ電池式のガスセンサは電気化学的に酸化還元できるガスのみが測定でき，とくに，図6.27に示す酸素の電気化学的な還元（式(6.13)）に基づくクラーク型酸素センサはその代表例である．酸素透過性高分子膜，カソード（主にPt），アノード（定電位電解式でAg/AgClおよびガルバニ電池式でPb），電解液（定電位電解式でKClおよびガルバニ電池式でKOH）などより構成されており，酸素の還元反応に基づく還元電流を計測する．主に，常温・常圧条件で用いられ，生体内測定用ニードル型のものもある．

$$O_2 + 2H_2O + 4e^- \longrightarrow 4OH^- \tag{6.13}$$

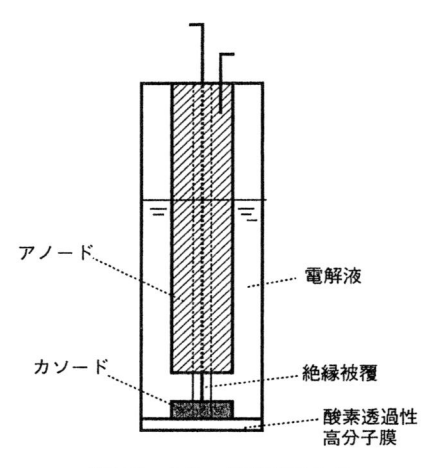

図6.27 クラーク型酸素センサ

固体電解質型ガスセンサは，固体電解質のイオン伝導性に基づくものであり，図6.28に示すような自動車用の安定化ジルコニアを用いた固体電解質型酸素センサは有名である．安定化ジルコニアは500°C以上で酸素イオン（O^{2-}）を選択的に透過する．安定化ジルコニアの両側を酸素分圧の異なる環境とし，酸素を透過させると，その両側の白金電極間に電位の差（ΔE）が生じるので，

$$\Delta E = (RT/4F) \ln\{p(O_2)_h / p(O_2)_l\} \tag{6.14}$$

[$p(O_2)_h$および$p(O_2)_l$：高および低酸素環境での酸素分圧]

となる．$p(O_2)_h$が大気下で既知ならば，ΔEと$p(O_2)_l$は相関するので酸素濃度を求めることができる．

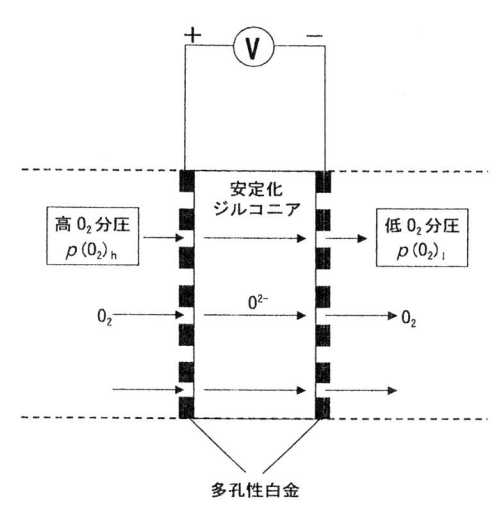

図6.28 固体電解質型酸素センサ

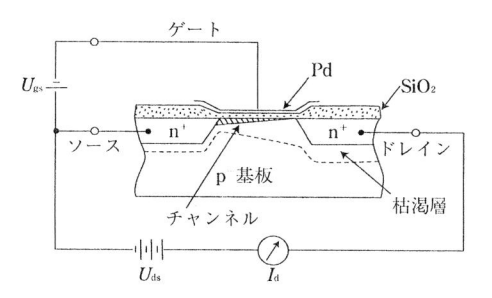

図6.29 PdゲートFET型水素センサ[11]

　FET型ガスセンサとしては，図6.29に示すPdゲートFET型水素センサが代表的である．弱いp型Si基板上に10 μm程度の間隔でソースおよびドレインとなるn型領域をつくり，その上にSiO$_2$絶縁層，Pd金属層を順次作製してゲートとすると絶縁ゲート形電界効果トランジスタ（MISFET）となる．ソース-ドレイン間に電圧（U_{ds}）をかけるとドレイン電流（I_d）が得られ，電流-電圧特性でのしきい値電圧（U_T）は水素濃度に依存するので，水素センサとして用いることができる．類似の原理での一酸化炭素センサもある．

6.4.4 バイオセンサ

バイオセンサとは，酵素，微生物などの生体物質が有する特異的な生体機能を利用して化学物質に選択的に応答して定量するセンサであり，酵素，微生物，免疫，オルガネラ，組織，FET型などのセンサがある．たとえば，酵素センサであるグルコースセンサを図 6.30 に示す．センサ構成は前述したクラーク型酸素センサの酸素透過性高分子膜（ここでは酸素透過性テフロン膜）の上に酵素膜（グルコースオキシダーゼ（GOD）を包埋したポリアクリルアミドゲル膜）を，さらに，非対称 UF 膜で覆ったものである．グルコース（$C_6H_{12}O_6$）が酵素である GOD によって δ-グルコノラクトン（$C_6H_{10}O_6$）となる（式（6.15））．

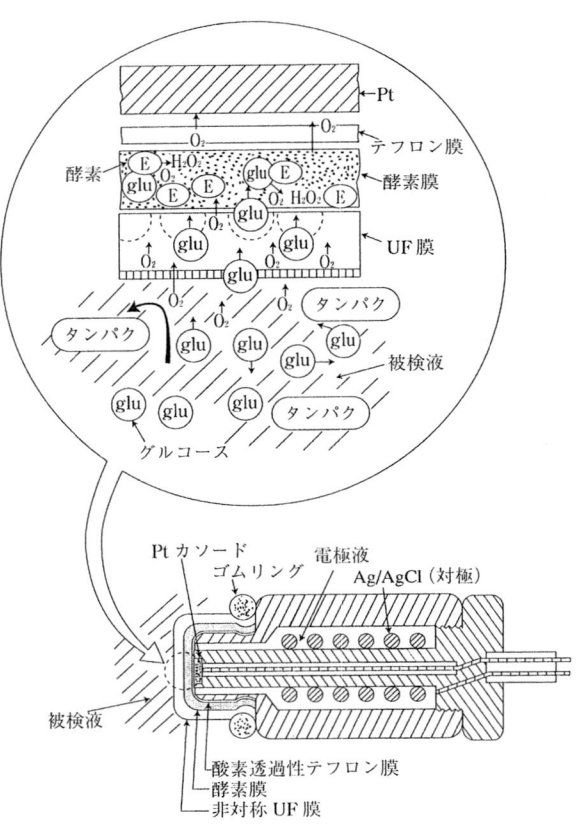

図 6.30 グルコースセンサとその作動機構[11,12]

$$C_6H_{12}O_6 + O_2 \xrightarrow{GOD} C_6H_{10}O_6 + H_2O_2 \qquad (6.15)$$

その際に，上記反応で消費された酸素（O_2）量を前述したクラーク型酸素センサで計れば，酸素の減少量とグルコースの反応量は等しいから（式(6.15)），グルコース量が求められるのである．このように，酵素の選択的な基質反応性を生かしたセンサであり，他のバイオセンサも類似の原理である．FET型もFET素子の上に酵素などを被覆した形式のもので，各種検討されている．

付　　録

【付録A　標準電極電位】

表A　各種の電極系の標準電極電位 $E°$ (25℃)

① M^{n+}/M 系

反応式		$E°/V$	反応式		$E°/V$
$Li^+ + e^-$	$= Li$	-3.045	$Cd^{2+} + 2e^-$	$= Cd$	-0.403
$K^+ + e^-$	$= K$	-2.925	$Co^{2+} + 2e^-$	$= Co$	-0.277
$Rb^+ + e^-$	$= Rb$	-2.924	$Ni^{2+} + 2e^-$	$= Ni$	-0.257
$Ba^{2+} + 2e^-$	$= Ba$	-2.92	$Mo^{3+} + 3e^-$	$= Mo$	-0.2
$Sr^{2+} + 2e^-$	$= Sr$	-2.89	$Sn^{2+} + 2e^-$	$= Sn$	-0.138
$Ca^{2+} + 2e^-$	$= Ca$	-2.84	$Pb^{2+} + 2e^-$	$= Pb$	-0.126
$Na^+ + e^-$	$= Na$	-2.714	$2H^+ + 2e^-$	$= H_2$	**0.000**
$Mg^{2+} + 2e^-$	$= Mg$	-2.356	$Cu^{2+} + 2e^-$	$= Cu$	$+0.337$
$Be^{2+} + 2e^-$	$= Be$	-1.97	$Cu^+ + e^-$	$= Cu$	$+0.520$
$Al^{3+} + 3e^-$	$= Al$	-1.676	$Hg_2^{2+} + 2e^-$	$= 2Hg$	$+0.796$
$U^{3+} + 3e^-$	$= U$	-1.66	$Ag^+ + e^-$	$= Ag$	$+0.799$
$Ti^{2+} + 2e^-$	$= Ti$	-1.63	$Hg^{2+} + 2e^-$	$= Hg$	$+0.85$
$Zr^{4+} + 4e^-$	$= Zr$	-1.55	$Pd^{2+} + 2e^-$	$= Pd$	$+0.915$
$Mn^{2+} + 2e^-$	$= Mn$	-1.18	$Pt^{2+} + 2e^-$	$= Pt$	$+1.188$
$Zn^{2+} + 2e^-$	$= Zn$	-0.763	$Au^{3+} + 3e^-$	$= Au$	$+1.52$
$Cr^{3+} + 3e^-$	$= Cr$	-0.74	$Au^+ + e^-$	$= Au$	$+1.83$
$Fe^{2+} + 2e^-$	$= Fe$	-0.44			

② $M/MX/X^-$ 系

反応式		$E°/V$	反応式		$E°/V$
$ZnS + 2e^-$	$= Zn + S^{2-}$	-1.44	$AgI + e^-$	$= Ag + I^-$	-0.1522
$CdS + 2e^-$	$= Cd + S^{2-}$	-1.225	$AgCN + e^-$	$= Ag + CN^-$	-0.017
$FeS + 2e^-$	$= Fe + S^{2-}$	-0.969	$CuBr + e^-$	$= Cu + Br^-$	$+0.033$
$PbS + 2e^-$	$= Pb + S^{2-}$	-0.954	$AgBr + e^-$	$= Ag + Br^-$	$+0.0711$
$Cu_2S + 2e^-$	$= 2Cu + S^{2-}$	-0.898	$AgSCN + e^-$	$= Ag + SCN^-$	$+0.0895$
$Ag_2S + 2e^-$	$= 2Ag + S^{2-}$	-0.691	$CuCl + e^-$	$= Cu + Cl^-$	$+0.121$
$PbI_2 + 2e^-$	$= Pb + 2I^-$	-0.365	$Hg_2Br_2 + 2e^-$	$= 2Hg + 2Br^-$	$+0.1392$
$PbSO_4 + 2e^-$	$= Pb + SO_4^{2-}$	-0.3505	$AgCl + e^-$	$= Ag + Cl^-$	$+0.2223$
$PbBr_2 + 2e^-$	$= Pb + 2Br^-$	-0.280	$Hg_2Cl_2 + 2e^-$	$= 2Hg + 2Cl^-$	$+0.2682$
$PbCl_2 + 2e^-$	$= Pb + 2Cl^-$	-0.268	$Ag_2CrO_4 + 2e^-$	$= 2Ag + CrO_4^{2-}$	$+0.4491$
$CuI + e^-$	$= Cu + I^-$	-0.182			

③ M^{n+}/M^{m+} (単イオン) 系

反応式		$E°/V$	反応式		$E°/V$
$Cr^{3+}+e^-$	$=Cr^{2+}$	-0.424	$2Hg^{2+}+2e^-$	$=Hg_2^{2+}$	$+0.9110$
$V^{3+}+e^-$	$=V^{2+}$	-0.255	$Mn^{3+}+e^-$	$=Mn^{2+}$	$+1.51$
$Sn^{4+}+2e^-$	$=Sn^{2+}$	$+0.15$	$Ce^{4+}+e^-$	$=Ce^{3+}$	$+1.71$
$Cu^{2+}+e^-$	$=Cu^+$	$+0.159$	$Ag^{2+}+e^-$	$=Ag^+$	$+1.980$
$Fe^{3+}+e^-$	$=Fe^{2+}$	$+0.771$			

④ M^{n+}/M^{m+} (錯イオン) 系

反応式		$E°/V$
$Cr(CN)_6^{3-}+e^-$	$=Cr(CN)_6^{4-}$	-1.14
$Ag(CN)_2^-+e^-$	$=Ag+2CN^-$	-0.31
$Ag(S_2O_3)_2^{3-}+e^-$	$=Ag\ 2S_2O_3^{2-}$	-0.017
$Co(NH_3)_6^{3+}+e^-$	$=Co(NH_3)_6^{2+}$	$+0.058$
$Fe(CN)_6^{3-}+e^-$	$=Fe(CN)_6^{4-}$	$+0.361$
$Ag(NH_3)_2^++e^-$	$=Ag+2NH_3$	$+0.373$

⑤ X_2/X^- 系

反応式		$E°/V$
$S+2e^-$	$=S^{2-}$	-0.447
$Br_2(l)+2e^-$	$=2Br^-$	$+1.0652$
$Br_2(aq)+2e^-$	$=2Br^-$	$+1.0874$
$Cl_2(g)+2e^-$	$=2Cl^-$	$+1.3583$
$Cl_2(aq)+2e^-$	$=2Cl^-$	$+1.396$
$F_2(g)+2e^-$	$=2F^-$	$+2.87$

⑥ 無機物その他

反応式		$E°/V$	反応式		$E°/V$
O_2+e^-	$=O_2^-(aq)$	-0.284	$Cr_2O_7^{2-}+14H^++6e^-$	$=2Cr^{3+}+7H_2O$	$+1.36$
$N_2(g)+6H^++6e^-$	$=2NH_3(aq)$	-0.0922	$MnO_4^-+8H^++5e^-$	$=Mn^{2+}+4H_2O$	$+1.51$
$S+2H^++2e^-$	$=H_2S(g)$	$+0.174$	$2HClO(aq)+2H^++2e^-$	$=Cl_2(g)+2H_2O$	$+1.630$
$O_2+2H^++2e^-$	$=H_2O_2$	$+0.695$	$H_2O_2+2H^++2e^-$	$=2H_2O$	$+1.763$
$NO_3^-+2H^++2e^-$	$=NO_2^-+H_2O$	$+0.835$	$S_2O_8^{2-}+2e^-$	$=2SO_4^{2-}$	$+1.96$
$NO_3^-+4H^++3e^-$	$=NO(g)+2H_2O$	$+0.957$	$O_3+2H^++2e^-$	$=O_2+H_2O$	$+2.705$
$ClO_4^-+2H^++2e^-$	$=ClO_3^-+H_2O$	$+1.201$	$F_2(g)+2H^++2e^-$	$=2HF$	$+3.053$
$O_2+4H^++4e^-$	$=2H_2O$	$+1.229$			
$MnO_2+4H^++2e^-$	$=Mn^{2+}+2H_2O$	$+1.23$			

⑦ 有機物

反応式		$E°/V$	反応式		$E°/V$
$2CO_2+2H^++2e^-$	$=H_2C_2O_4(aq)$	-0.475	$CO_3^{2-}+8H^++6e^-$	$=CH_3OH(aq)+2H_2O$	$+0.209$
$CO_2+2H^++2e^-$	$=HCOOH(aq)$	-0.199	$CO_3^{2-}+3H^++2e^-$	$=HCOO^-+H_2O$	$+0.311$
$HCOOH(aq)+2H^++2e^-$	$=HCHO(aq)+H_2O$	$+0.034$	$2CO_3^{2-}+4H^++2e^-$	$=C_2O_4^{2-}+2H_2O$	$+0.478$
$H_2CO_3(aq)+6H^++6e^-$	$=CH_3OH(aq)+2H_2O$	$+0.044$	$CH_3OH(aq)+2H^++2e^-$	$=CH_4(g)+H_2O$	$+0.588$
$C+4H^++4e^-$	$=CH_4(g)$	$+0.132$			
$CO_3^{2-}+6H^++4e^-$	$=HCHO(aq)+2H_2O$	$+0.197$			

【付録B　参照電極】

電極電位は標準水素電極（SHE）を基準に表記するが，実際の測定に SHE が用いられることはほとんどない．1 atm の水素ガスとpH 0 の水溶液を準備する必要があり，取り扱いが面倒なことがその理由である．第二基準電極の代表的なものには，銀-塩化銀電極（Ag|AgCl，KCl 水溶液）や甘コウ電極（Hg|Hg$_2$Cl$_2$，KCl 水溶液：水銀の環境汚染を考慮して，最近は敬遠されている）などがある．

詳細については便覧などを参照されたいが，25℃における可逆電極電位の相互関係は

$$E_{Ag|AgCl} - E_{SHE} = +0.222 \text{ V} \quad ([Cl^-]=1 \text{ mol·dm}^{-3})$$
$$= +0.199 \text{ V} \quad (飽和 KCl) \tag{B.1}$$
$$E_{Hg|Hg_2Cl_2} - E_{SHE} = +0.268 \text{ V} \quad ([Cl^-]=1 \text{ mol·dm}^{-3})$$
$$= +0.241 \text{ V} \quad (飽和 KCl) \tag{B.2}$$

である．

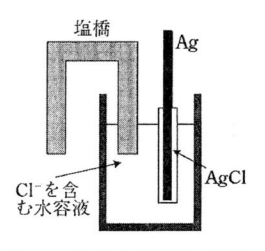

図B　銀-塩化銀電極の構成

【付録C　化学拡散】

x 方向に静電位 ϕ の勾配が，さらに M^{z+} イオン濃度 $C_{M^{z+}}$，電子濃度 C_{e^-} の勾配もあり，担体は定常的に移動してはいるが，合計電流ゼロの場合を考える．

まず M^{z+} の流束 $\vartheta_{M^{z+}}$ は，拡散流束と泳動流束の和として

$$\vartheta_{M^{z+}} = -D_{M^{z+}}\left(\frac{dC_{M^{z+}}}{dx}\right) - C_{M^{z+}} u_{M^{z+}}\left(\frac{d\phi}{dx}\right)$$
$$= -\frac{D_{M^{z+}} C_{M^{z+}}}{kT}\left\{\frac{kT}{C_{M^{z+}}}\left(\frac{dC_{M^{z+}}}{dx}\right) + ze\left(\frac{d\phi}{dx}\right)\right\} \tag{C.1}$$

で表せる．下の式ではアインシュタインの関係式を用い，移動度 $u_{M^{z+}}$ を拡散係数 $D_{M^{z+}}$ で書き換えた．同様に e$^-$ の流束 ϑ_{e^-} は

$$\vartheta_{e^-} = -\frac{D_{e^-} C_{e^-}}{kT}\left\{\frac{kT}{C_{e^-}}\left(\frac{dC_{e^-}}{dx}\right) - e\left(\frac{d\phi}{dx}\right)\right\} \tag{C.2}$$

で表せる．以上より，両者の電流密度が A でバランスする条件は

$$A = -ze\frac{D_{M^{z+}} C_{M^{z+}}}{kT}\left\{\frac{kT}{C_{M^{z+}}}\left(\frac{dC_{M^{z+}}}{dx}\right) + ze\left(\frac{d\phi}{dx}\right)\right\}$$

$$= -e\frac{D_{e^-}C_{e^-}}{kT}\left\{\frac{kT}{C_{e^-}}\left(\frac{dC_{e^-}}{dx}\right) - e\left(\frac{d\phi}{dx}\right)\right\} \tag{C.3}$$

と書ける．

ここで，解離平衡

$$M^{z+} + ze^- = M^* \tag{C.4}$$

の成立を少なくとも局所的に仮定すれば，

$$C_{M^{z+}}C_{e^-}{}^z = KC_{M^*} \quad (K：解離平衡定数) \tag{C.5}$$

$$d\ln C_{M^{z+}} + z\, d\ln C_{e^-} = d\ln C_{M^*} \tag{C.6}$$

となる．式 (C.3), (C.6) を組み合わせて $(d\phi/dx)$ を消去すると，

$$\frac{kTA}{zeD_{M^{z+}}C_{M^{z+}}} + \frac{zkTA}{eD_{e^-}C_{e^-}} = kT\frac{d\ln C_{M^*}}{dx}$$

$$A\left(\frac{1}{zeD_{M^{z+}}C_{M^{z+}}} + \frac{z}{eD_{e^-}C_{e^-}}\right) = \frac{d\ln C_{M^*}}{dx} \tag{C.7}$$

を得る．ここで，再度 $D_{M^{z+}}$ を $u_{M^{z+}}$ で書き換えると，

$$D_{M^{z+}}C_{M^{z+}} = \frac{kT}{ze}u_{M^{z+}}C_{M^{z+}} = \frac{kT}{z^2e^2}\sigma_{M^{z+}} \tag{C.8}$$

$$D_{e^-}C_{e^-} = \frac{kT}{e}u_{e^-}C_{e^-} = \frac{kT}{e^2}\sigma_{e^-} \tag{C.9}$$

となり，$\sigma_{M^{z+}}$, σ_{e^-} は成分伝導率である．式 (C.8), (C.9) を式 (C.7) に代入すれば，

$$A = \frac{kT}{ze}\frac{\sigma_{M^{z+}}\sigma_{e^-}}{\sigma_{M^{z+}} + \sigma_{e^-}}\frac{d\ln C_{M^*}}{dx} \tag{C.10}$$

が導かれる．

各流束の間には

$$z\vartheta_{M^{z+}} = \vartheta_{e^-} = z\vartheta_{M^*} \tag{C.11}$$

の関係が成立するはずだから，ϑ_{M^*} は式 (C.10) より

$$\vartheta_{M^*} = \frac{kT}{z^2e^2}\frac{\sigma_{M^{z+}}\sigma_{e^-}}{\sigma_{M^{z+}} + \sigma_{e^-}}\frac{d\ln C_{M^*}}{dx}$$

$$= -\frac{kT}{z^2e^2}\frac{\sigma_{M^{z+}}\sigma_{e^-}}{\sigma_{M^{z+}} + \sigma_{e^-}}\frac{\partial\ln C_{M^*}}{\partial C_{M^*}}\frac{dC_{M^*}}{dx} \tag{C.12}$$

で表される．この式はフィックの第一法則の形をもつが，M^* の拡散係数は

$$D_{M^*} = \frac{kT}{z^2e^2}\frac{\sigma_{M^{z+}}\sigma_{e^-}}{\sigma_{M^{z+}} + \sigma_{e^-}}\frac{\partial\ln C_{M^*}}{\partial C_{M^*}} \tag{C.13}$$

で，これを化学拡散係数と呼ぶ．さらに，式 (C.8), (C.9), (1.109) から

$$\frac{\sigma_{M^{z+}}\sigma_{e^-}}{\sigma_{M^{z+}}+\sigma_{e^-}}=t_{e^-}\frac{z^2e^2}{kT}D_{M^{z+}}C_{M^{z+}} \qquad (C.14)$$

と書き直せる（t_{e^-} は電子の輸率）から，これを式（C.13）に代入すると，

$$\frac{D_{M^*}}{D_{M^{z+}}}=t_{e^-}C_{M^{z+}}\frac{\partial \ln C_{M^*}}{\partial C_{M^*}} \qquad (C.15)$$

が得られ，右辺を熱力学的加速因子と呼ぶ．

式（C.5），（C.6）を化学ポテンシャル μ_{M^*} で表した一般的取り扱い[1]では，

$$\frac{D_{M^*}}{D_{M^{z+}}}=t_{e^-}\frac{\partial \ln a_{M^*}}{\partial \ln C_{M^*}} \qquad (C.16)$$

となる．

【付録 D　電荷移動過電圧：バトラー–フォルマーの式】

電子伝導体｜イオン伝導体の界面における不均一系の n 電子移動過程

$$R^{z+}+ne^-=O^{(z-n)+} \qquad (D.1)$$

の速度は，電極面の単位面積あたり，また単位時間あたりに移動する電子の電荷量として表記され，たとえば $A \cdot cm^{-2}$（$=C \cdot s^{-1} \cdot cm^{-2}$）の単位で示される．このような速度を電流密度と呼ぶ．1.4.1 項で指摘したように，酸化方向の電流密度 $i_+(>0)$，還元方向の電流密度 $i_-(<0)$ はそれぞれ

$$\frac{i_+}{nF}=k_+'N_{emp}C_{R,H'} \qquad (D.2)$$

$$-\frac{i_-}{nF}=k_-'N_{ocp}C_{O,H'} \qquad (D.3)$$

で表現でき，N_{ocp} は電子伝導体表面 S における電子の二次元密度，N_{emp} は表面 S における電子孔の二次元密度，$C_{R,H'}$ は電極面（=電子移動に関与可能な化学種が整列した電子伝導体相表面に平行な面．ここではヘルムホルツ面 H と同一とする）上での還元体 R の二次元濃度，同様に $C_{O,H'}$ は電極面 H 上での酸化体 O の二次元濃度である．この場合，各方向の電子移動の速度定数 k_+'，k_-' は $[L^2 \cdot T^{-1}]$ の次元をもつ．

つねに妥当な仮定ではないが，一般には，金属伝導性をもつ電極相を暗黙の前提として N_{ocp} や N_{emp} を速度定数に組み入れる．また電子移動に関与する化学種の濃度を，電極面 H の位置における三次元濃度 $C_{R,H}$，$C_{O,H}$ で表記する．この場合，i_+ と i_- は

$$\frac{i_+}{nF} = k_+ C_{\mathrm{R,H}} \tag{D.4}$$

$$-\frac{i_-}{nF} = k_- C_{\mathrm{O,H}} \tag{D.5}$$

と表される．k_+, k_- は $[\mathrm{L} \cdot \mathrm{T}^{-1}]$ の次元となり，$\mathrm{cm} \cdot \mathrm{s}^{-1}$ 単位で示される場合が多い．

さて遷移状態理論によれば，反応速度定数 k は

$$k = f \exp\left(-\frac{\Delta \boldsymbol{G}^*}{RT}\right) \tag{D.6}$$

で与えられる．ここで，f は頻度因子と呼ばれる定数，$\Delta \boldsymbol{G}^*$ は活性化エネルギーであり，

$$\Delta \boldsymbol{G}^* = \boldsymbol{G}_{\mathrm{act}}^\circ - \boldsymbol{G}_{\mathrm{init}}^\circ \tag{D.7}$$

で与えられる．右辺の $\boldsymbol{G}_{\mathrm{init}}^\circ$ は反応開始前の状態の標準ギブズ自由エネルギー，$\boldsymbol{G}_{\mathrm{act}}^\circ$ は活性化状態の標準ギブズ自由エネルギーである．

k_+, k_- に対して，上の関係を適用してみよう．界面は一般に帯電しており，表面 S と電極面 H には静電位差があるので，荷電 z_i をもつ化学種 i の標準自由エネルギーは，その化学項 $\boldsymbol{\mu}_i^\circ$ に加えて，静電項 $z_i F\phi$ も考慮する必要がある．静電位が ϕ_H の電極面に R と O が，また静電位が ϕ_S の電子伝導相表面に電子が存在するとき，それらの標準自由エネルギーは

$$\boldsymbol{G}_\mathrm{R}^\circ = \boldsymbol{\mu}_\mathrm{R}^\circ + z_\mathrm{R} F\phi_\mathrm{H} \tag{D.8}$$

$$\boldsymbol{G}_\mathrm{O}^\circ = \boldsymbol{\mu}_\mathrm{O}^\circ + z_\mathrm{O} F\phi_\mathrm{H} \tag{D.9}$$

$$\boldsymbol{G}_{\mathrm{e}^-}^\circ = \boldsymbol{\mu}_{\mathrm{e}^-}^\circ + (-1) F\phi_\mathrm{S} \tag{D.10}$$

と書ける．ここで，

$$z_\mathrm{O} - z_\mathrm{R} = n \tag{D.11}$$

の関係が成り立つので，電子移動による標準自由エネルギー変化は

$$\Delta \boldsymbol{G}_+^\circ = -\Delta \boldsymbol{G}_-^\circ = (\boldsymbol{\mu}_\mathrm{O}^\circ + n\boldsymbol{\mu}_{\mathrm{e}^-}^\circ - \boldsymbol{\mu}_\mathrm{R}^\circ) - nFg' \tag{D.12}$$

$$g' \equiv \phi_\mathrm{S} - \phi_\mathrm{H} \tag{D.13}$$

で与えられる．つまり，反応の標準自由エネルギー変化に対する静電項の寄与は nFg' である．

そこで，酸化・還元電子移動反応の活性化エネルギー $\Delta \boldsymbol{G}^*_+$, $\Delta \boldsymbol{G}^*_-$ に対する静電項の寄与は nFg' の α_+, α_- 倍 $(0 < \alpha_+, \alpha_- < 1)$ と仮定すると，

$$\Delta \boldsymbol{G}^*_+ = (\boldsymbol{\mu}^{*\circ}_+ - \boldsymbol{\mu}_\mathrm{R}^\circ) - \alpha_+ nFg' \tag{D.14}$$

$$\Delta G^*_- = \{\boldsymbol{\mu}^*_{-}{}^\circ - (\boldsymbol{\mu}_R{}^\circ + n\boldsymbol{\mu}_e{}^\circ)\} + \alpha_- nFg' \tag{D.15}$$

と書くことができる．$\boldsymbol{\mu}^*_{+}{}^\circ$，$\boldsymbol{\mu}^*_{-}{}^\circ$ は酸化・還元電子移動の活性錯体の標準化学ポテンシャルである．これらの関係式は，表面 S と電極面 H の中間のある位置に活性錯体が存在することを前提としている．なお，両方向の活性錯体が同一であり，$\boldsymbol{\mu}^*_{+}{}^\circ$ と $\boldsymbol{\mu}^*_{-}{}^\circ$ とが等しい場合には，

$$\Delta G_+{}^\circ = \Delta G_-{}^\circ = \Delta G^*_{+} - \Delta G^*_{-} \tag{D.16}$$

であるから，

$$\alpha_+ + \alpha_- = 1 \tag{D.17}$$

が成り立つ．

式 (D.14) を式 (D.4)，(D.6) と組み合わせると，

$$\begin{aligned}i_+ &= nFC_{R,H}f_+\exp\left\{-\frac{(\boldsymbol{\mu}^*_{+}{}^\circ - \boldsymbol{\mu}_R{}^\circ) - \alpha_+ nFg'}{RT}\right\} \\ &= nFC_{R,H}h_+\exp\left(\frac{\alpha_+ nFg'}{RT}\right)\end{aligned} \tag{D.18}$$

が，また同様に

$$-i_- = nFC_{O,H}h_-\exp\left(-\frac{\alpha_- nFg'}{RT}\right) \tag{D.19}$$

が導かれる．ここで，h_+，h_- は g' に依存しない項をまとめた速度定数である．

界面を通過する正味のファラデー電流の密度 i は，酸化電流を正にとれば，

$$i = i_+ + i_- \tag{D.20}$$

であるが，界面で電子移動の平衡が成り立つ $i=0$ の場合には，

$$i_+ = -i_- = i_0 \tag{D.21}$$

と書ける．この i_0 は交換電流密度と呼ばれ，平衡状態における電子のやりとりの頻度を示す重要なパラメータである．ここで，平衡状態における g' を g'_{rev} と書けば，式 (D.18)，(D.19) は i_0 を用いて

$$\frac{i_+}{i_0} = \exp\left\{\frac{\alpha_+ nF}{RT}(g' - g'_{\text{rev}})\right\} \tag{D.22}$$

$$-\frac{i_-}{i_0} = \exp\left\{-\frac{\alpha_- nF}{RT}(g' - g'_{\text{rev}})\right\} \tag{D.23}$$

と書き換えられる．さらに，

$$\eta_{\text{ct}} \equiv g' - g'_{\text{rev}} \tag{D.24}$$

で電荷移動過電圧を導入すると，式 (D.17)，(D.19)，(D.20) からバトラーフ

オルマーの式

$$\frac{i}{i_0} = \frac{i_+ - i_-}{i_0} = \exp\left(\frac{\alpha_+ nF}{RT}\eta_{ct}\right) - \exp\left(-\frac{\alpha_- nF}{RT}\eta_{ct}\right) \tag{1.120}$$

を導くことができる．

イオン伝導体側の空間電荷層（拡散二重層）が存在せず，電極面 H の静電位 ϕ_H がバルクの静電位 ϕ_I と同一とみなせる場合に限り，R，O のうちのイオンも含めて，電極面 H での濃度がバルク濃度に等しいこと

$$C_{R,H} = C_{R,I}, \quad C_{O,H} = C_{O,I} \tag{D.25}$$

が平衡状態で保証される．また，電極面における R，O の生成・消費速度に比べてそれらの輸送速度が十分高い場合には，$C_{R,H}$, $C_{O,H}$ は時間に対して近似的に不変とみなすことができる．さらに，電子伝導体側の空間電荷層も存在せず，表面 S の静電位 ϕ_S がバルクの静電位 ϕ_E と同一とみなせる場合については，

$$g \equiv \phi_E - \phi_I = (\phi_E - \phi_S) + (\phi_H - \phi_I) = \phi_S - \phi_H \equiv g' \tag{D.26}$$

のように，g' は電極系の静電位差（絶対電極電位）g に等しい．

参考文献

第1章

1) 花井哲也：膜とイオン，化学同人，1978.
2) 君塚英夫：イオンの膜透過，共立出版，1988.
3) 玉虫伶太：電気化学（第2版），p.174，東京化学同人，1991.
4) 渡辺　正，中林誠一郎：電子移動の化学―電気化学入門，p.148，朝倉書店，1996.
5) 坪村　宏：光電気化学とエネルギー変換，p.102，東京化学同人，1980.
6) 妹尾　学：不可逆過程の熱力学序論，東京化学同人，1964.

第2章

1) (社)日本乾電池工業会：日本乾電池工業史，p.22，1994.
2) 大宮信光：富士通飛翔，**14**，26.
3) 日本化学会監修，逢坂哲彌編：キーテクノロジー電池，p.18，丸善，1996.
4) 電池便覧編集委員会編：電池便覧，丸善，1995.
5) ダビッド・リンデン編，高村　勉監訳：最新電池ハンドブック，丸善，1996.
6) 日本化学会編：化学便覧 応用編II，丸善，2003.

第4章

1) 岡本　剛：腐食と防食（新版），大日本図書，1980.
2) 日根文男：腐食工学の概要，化学同人，1980.
3) 奥山　優：ステンレス鋼便覧，日刊工業社，p.27，1995.
4) 下平三郎：腐食・防食の材料科学，アグネ社，1996.
5) 春山志郎：表面技術者のための電気化学，丸善，2001.

第5章

1) 表面技術協会編：表面処理工学 基礎と応用，日刊工業新聞社，2000.
2) 表面技術協会編：表面技術便覧，日刊工業新聞社，1998.
3) 電気鍍金研究会編：無電解めっき 基礎と応用，日刊工業新聞社，1994.
4) 縄舟秀美，赤松謙祐：電気化学，**70**，880.

第6章

1) K. Koryta, J. Dvoral and L. Kavan : *Principles of Electrochemistry* (2nd ed.), p.455, John Wiley & Sons, 1987.

参 考 文 献

2) 日本化学会編：バイオセンシングとそのシステム．季刊化学総説，**1**，p.126，学会出版センター，1988．
3) 長 哲郎，小林長夫，生越久靖ら：共立ライブラリー 20 ポルフィリンの化学，p.158，共立出版，1982．
4) J. A. Cowan: *Inorganic Biochemistry, An Introduction*, p.186, VCH Publishers, 1993.
5) 竹内 均編：Newton ムック 人類の夢をかなえる期待の次世代テクノロジー ナノテクからクリーンエネルギーまで，p.131，ニュートンプレス，2003．
6) D. Freifelder 著，野田晴彦訳：生物化学研究法―物理的手法を中心に―，p.193，東京化学同人，1979．
7) 鳥光慶一：表面技術，**51**（増刊号），pp.65-66，2000．
8) 金藤敬一：表面技術，**51**（増刊号），p.71，2000．
9) 藤島 昭，相沢益男，井上 徹：電気化学測定法（下），p.431，技報堂出版，1984．
10) 松田好晴，岩倉千秋：化学教科書シリーズ 電気化学概論，p.214，丸善，1994．
11) 清山哲郎：化学 One Point 16 化学センサ，p.51，共立出版，1985．
12) 鈴木周一編：バイオセンサ，p.7，講談社サイエンティフィク，1984．

付 録

1) L. Heyne: *Solid Electrolytes* (S. Geller, ed.), p.193, Springer-Verlag, 1977.

索　　引

ア　行

アインシュタインの関係式　22, 32, 158
アデノシン三リン酸動作ポンプ　129
アノード効果　80
アノード酸化　123
アノード支配　94
アルカリ型燃料電池　60
アルカリ・マンガン電池　46
アルミニウム　123
アルミニウム電解　79
安定化ジルコニア　152
暗反応　138

EM　116
イオン交換膜法　76
イオンセンサ　149, 150
イオン電極　150
イオン伝導相　1
イオン伝導率　31
一次電池　37, 44
移動界面法　141
移動係数　35
移動度　21, 158
インヒビター　105

泳動　29
エヴァンス図　94
SPE　74
SPE電解　76
ATP動作ポンプ　129
エネルギー変換　132, 133
エネルギー密度　41
FET型ガスセンサ　153
MISFET　153
エレクトロマイグレーション　116

円筒形二酸化マンガンリチウム電池　51
応力腐食割れ　102
オゾン　63
オーム降下　32, 34
オームの法則　22

カ　行

解糖系　137
ガウスの定理　14
化学拡散　32, 158
化学拡散係数　159
化学センサ　127, 148, 149, 150
化学電池　37
化学当量　113
可逆電圧　10
拡散　29
拡散距離　28
拡散係数　22, 158
拡散層の厚さ　30
拡散定数　98
拡散二重層　14, 35, 163
隔膜法　76
ガス検知センサ　152
ガスセンサ　149, 152
カソード支配　94
カソード防食　105
カチオン電着塗装の原理　122
活性化支配　93
活性化状態　161
活性態　95
活動電位　130
活物質　37
過電圧　33, 93
過不働態溶解　96
過硫酸　63
ガルバニ電池式　152
乾食　87

犠牲アノード　104
ギブズ自由エネルギー変化　42
局部アノード反応　114
局部カソード反応　114
局部腐食　100
均一腐食　99
筋電　131
筋肉モデル　145, 146
空間電荷層　11, 20
空気亜鉛電池　48
空電子状態　17
クエン酸回路　137
クラーク型酸素センサ　152
グルコース系生物燃料電池　147
グルコースセンサ　154

Kellerモデル　125
ゲル電気泳動法　141
限界電流密度　30, 71

交換電流密度　16, 34, 69, 162
光合成　137
光合成電子伝達系　133, 137
光合成プロセス　138
光合成明反応　139
孔食　100
孔食電位　101
酵素電池　146, 147
興奮　130, 131
呼吸　133, 135
呼吸鎖電子伝達系　133, 135, 136, 137
固体高分子電解質　74
固体高分子電解質型燃料電池　59
固体酸化物型燃料電池　62
固体電解質　31
固体電解質型ガスセンサ　152

索　　引

固体電解質型酸素センサ　152, 153
混合支配　94
混合伝導体　2, 31
混成電位　114
コンデンサ　124

サ　行

細胞　128
細胞数計測　143
細胞電気泳動測定　143
細胞膜　128
細胞膜電位　128
サイボーグテクノロジー　143
酢酸セルロース電気泳動法　141
酸化還元反応　3
参照電極　34, 158
酸性硫酸銅浴　116
酸素透過性高分子膜　154
三電極法　33

CMOS　116
自己触媒めっき　115
支持電解質　31
湿式めっき法　106
湿食　87
実用電池　38, 43
重量容量密度　43
シュテルンの電気二重層モデル　13
ジュール熱　23
循環的光リン酸化反応　138
省エネルギー型食塩電解法　78
食塩水の電気分解　63
食塩電解　76
シリコン半導体デバイス　115
神経インパルス　129, 130
神経細胞　129, 130, 131
人工神経回路　144, 145
心電　131

水銀法　76
水銀法食塩電解　72
水素基準電位　88
水素脆化　102
水電解　75
隙間腐食　101
隙間腐食電位　101

ストークス式　21
寸法安定電極　77
寸法加工工業　85

正極活物質　41
静止電位　129
静電位　10
生物太陽電池　146, 147
生物電気化学　127
生物電気化学計測　140
生物電池　146, 147
成分伝導率　32, 159
ゼーダベルグ（自焼成）式　79
絶縁ゲート形電界効果トランジスタ　153
絶縁破壊　25
接触腐食　102
絶対電極電位　163
Zスキーム　138
遷移状態理論　161
センサ　127, 148
選択腐食　103
占有電子状態　17

速度定数　160
速度論　63
ゾーン法　141

タ　行

体積エネルギー密度　42
体積容量密度　43
対流　30
対流抑制　31
ターフェル勾配　93
ターフェル線　93
ターフェル式　35, 70

中性無電解銅めっき　119

DSA®　77
定常電流　26
定電位電解式　152
デバイ長さ　14
電位-pH図　91
電解研磨　85
電解採取　73, 81
電解精製　73
電解製造　73
電解精錬　82

電解槽　73
電荷移動過電圧　160
電荷移動律速　69
電解フッ素化　81
電解プロセス　72
電荷担体　2
電気泳動　140
電気化学系　1
電気化学セル　3
電気化学当量　113
電気仕事量　8
電気浸透　86
電気接点特性　107
電気伝導性　107
電気透析　86
電気銅めっき　111
電気銅めっきプロセスによる LSI微細配線の形成　116
電気二重層　11
電気二重層キャパシタ　2, 25
電気めっき　111
　──の原理　112
電極系　1
　──の静電位差　14
電極触媒作用　63
電極反応　92
電極反応速度　63, 68
電極面　16
電子移動過電圧　34
電子再結合　28
電子占有確率　20
電子伝達系　139
電子伝導相　1
電子なだれ　25
電池　37
　──の起電力　41
電池表記　42
電着塗装　121
　──の特徴　122
伝導イオン　27
伝導電子　27
伝導率　23
電流効率　113

等速電気泳動法　142
銅デュアルダマシン　116
導電性高分子　145
導電性高分子アクチュエータ　145, 146

等電点電気泳動法　142
独立泳動　23
ドナン電位　128

ナ　行

ナトリウム製造　81
ナトリウムポンプ　129
Nafion®　77
鉛二次電池　51
鉛フリーはんだ　109

二次電池　37,51
ニッケル・カドミウム二次電池　53
ニッケル・水素二次電池　53
ニューロン　129
(人間の) 五感　127,148

熱力学的加速因子　160
ネルンストの式　18,19,36
燃料電池　37,58

濃淡電池　33
濃度過電圧　35
脳波　131

ハ　行

バイオセンサ　149,154
バグダッド電池　37
バトラー-フォルマーの式　35,160
バリア型アノード酸化皮膜　124
バルブ金属　123
はんだ付け性　108
半導体型ガスセンサ　152
反応関与イオン　27
反応性界面　3,26
反応電子　27
反応物質　37

ピアフィリング　117
非イオン種　27
非循環的光リン酸化反応　138
微小電極アレイ　144,145
微小電極測定　143
非水溶媒　50
微生物電池　146,147

Pdゲート FET型水素センサ　153
非定常電流　26
非ファラデー電流　26
非分極性電流　26
標準酸化還元電位　88,133
標準水素電極　158
標準水素電極系　17
標準電極電位　88,110,156
表面技術　106
表面処理　85,106
表面電子状態　11

ファラデー電流　26
ファラデーの法則　27,65,92,113
——とめっきの電流効率　113
フィックの第一法則　29,159
フェルミエネルギー　9
フェルミ-ディラック統計　19
負極活物質　41
腐食速度　92
腐食電位　90,94
腐食電流密度　94
物質移動律速　70
物質収支　29
物質輸送　27
物理センサ　148
物理電池　37
不働態　95
不働態化　95
不働態皮膜　95
部分電流密度　35
プリベーク (既焼成) 式　79
プリント配線板　112
プールベ図　91
分極性電流　24,26

平衡論　63
pH　151
pHセンサ　151
pHメータ　151
ヘルムホルツ面　14,160

ポアソン方程式　12
ポーラス型アノード酸化皮膜　125
——の電解着色　125

ポリアニリン　145
ホールエール法　79
ボルタの電堆　39
ボルタの電池　39
ボンディング性　107

マ　行

膜電位　128,151
マンガン乾電池　44

水の電気分解　66
ミトコンドリア　137

無関係電解質　31
無電解銅めっき　114,119
無電解銅めっきプロセスによる LSI 微細配線の形成　118
無電解めっき　112
——の原理　114
無電荷電位　24

明反応　138
めっきの目的と金属の特性　107
めっきの目的と標準電極電位　110

ヤ　行

有機溶媒　50
誘電性界面　2
誘電分極　2
輸送層　27
輸率　32

溶存酸素　87
溶媒和イオン　12
溶融塩電解　78,80
溶融炭酸塩型燃料電池　61
容量密度　41
葉緑体　137

ラ　行

リチウムイオン二次電池　54
リチウム電池　50
粒界腐食　100
流束　28
流動腐食　102
理論質量エネルギー密度　42
理論電気量原単位　64

理論分解電圧　66
リン酸型燃料電池　60

レドックス反応　3

連続法　141
連続流（カーテン型）電気泳動
　　法　142

ろ紙電気泳動法　141

著者略歴

美浦　隆（みうら　たかし）
1948年　東京都に生まれる
1977年　慶應義塾大学大学院工学研究科博士課程修了
現　在　慶應義塾大学理工学部応用化学科教授
　　　　工学博士

神谷信行（かみや　のぶゆき）
1941年　愛知県に生まれる
1969年　東京工業大学大学院工学研究科博士課程修了
現　在　横浜国立大学大学院工学研究院教授
　　　　工学博士

縄舟秀美（なわふね　ひでみ）
1948年　兵庫県に生まれる
1971年　近畿大学理工学部応用化学科卒業
現　在　甲南大学理工学部機能分子化学科教授
　　　　工学博士

佐藤祐一（さとう　ゆういち）
1939年　新潟県に生まれる
1964年　東北大学大学院理学研究科修士課程修了
現　在　神奈川大学工学部応用化学科教授
　　　　理学博士

奥山　優（おくやま　まさる）
1941年　神奈川県に生まれる
1970年　東京工業大学大学院理工学研究科博士課程修了
現　在　小山工業高等専門学校物質工学科教授・副校長
　　　　工学博士

湯浅　真（ゆあさ　まこと）
1958年　千葉県に生まれる
1988年　早稲田大学大学院理工学研究科博士後期課程
　　　　修了
現　在　東京理科大学理工学部工業化学科教授
　　　　工学博士

応用化学シリーズ7
電気電学の基礎と応用　　定価はカバーに表示

2004年2月20日　初版第1刷
2013年5月25日　　　第7刷

著　者　美　浦　　　　隆
　　　　佐　藤　祐　一
　　　　神　谷　信　行
　　　　奥　山　　　　優
　　　　縄　舟　秀　美
　　　　湯　浅　　　　真
発行者　朝　倉　邦　造
発行所　株式会社　朝倉書店
　　　　東京都新宿区新小川町 6-29
　　　　郵便番号　162-8707
　　　　電話　03(3260)0141
　　　　FAX　03(3260)0180
　　　　http://www.asakura.co.jp

〈検印省略〉

© 2004〈無断複写・転載を禁ず〉　　新日本印刷・渡辺製本

ISBN 978-4-254-25587-4　C 3358　　Printed in Japan

JCOPY　〈(社)出版者著作権管理機構　委託出版物〉

本書の無断複写は著作権法上での例外を除き禁じられています．複写される場合は，そのつど事前に，(社)出版者著作権管理機構（電話 03-3513-6969，FAX 03-3513-6979, e-mail: info@jcopy.or.jp）の許諾を得てください．

好評の事典・辞典・ハンドブック

書名	編著者	判型・頁数
物理データ事典	日本物理学会 編	B5判 600頁
現代物理学ハンドブック	鈴木増雄ほか 訳	A5判 448頁
物理学大事典	鈴木増雄ほか 編	B5判 896頁
統計物理学ハンドブック	鈴木増雄ほか 訳	A5判 608頁
素粒子物理学ハンドブック	山田作衛ほか 編	A5判 688頁
超伝導ハンドブック	福山秀敏ほか 編	A5判 328頁
化学測定の事典	梅澤喜夫 編	A5判 352頁
炭素の事典	伊与田正彦ほか 編	A5判 660頁
元素大百科事典	渡辺 正 監訳	B5判 712頁
ガラスの百科事典	作花済夫ほか 編	A5判 696頁
セラミックスの事典	山村 博ほか 監修	A5判 496頁
高分子分析ハンドブック	高分子分析研究懇談会 編	B5判 1268頁
エネルギーの事典	日本エネルギー学会 編	B5判 768頁
モータの事典	曽根 悟ほか 編	B5判 520頁
電子物性・材料の事典	森泉豊栄ほか 編	A5判 696頁
電子材料ハンドブック	木村忠正ほか 編	B5判 1012頁
計算力学ハンドブック	矢川元基ほか 編	B5判 680頁
コンクリート工学ハンドブック	小柳 洽ほか 編	B5判 1536頁
測量工学ハンドブック	村井俊治 編	B5判 544頁
建築設備ハンドブック	紀谷文樹ほか 編	B5判 948頁
建築大百科事典	長澤 泰ほか 編	B5判 720頁

価格・概要等は小社ホームページをご覧ください．